BoD
BOOKS on DEMAND

Februar 2016:

Dieses Buch widme ich im Jahr des 125-jährigen Jubiläums der Eröffnung des Oder–Spree-Kanals meiner Frau Claudia und meiner Tochter Timea, die immer „tapfer" meine Marotten Wasserbau und wasserbauliche Geschichte ertragen und während aller Urlaubsreisen Schleusen, Wehre, Leuchttürme und Schifffahrtsmuseen mit mir besuchen müssen, sowie Ulrich Gerwin, der mich für die Geschichte des Oder–Spree-Kanals begeistert hat und auf seinen UL-Flügen immer wieder Luftbilder der Bauwerke gemacht hat.

Und natürlich allen interessierten Lesern, denen die Bundeswasserstraße Oder–Spree-Kanal und die Märkischen Wasserstraßen am Herzen liegen und für die diese historischen Schifffahrtswege noch lange keine unwichtigen Nebenwasserstraßen sind…

Mein Dank für die Unterstützung geht an Michael Reh, Guido Strohfeld, Florian Wilke und die ehemaligen und derzeitigen KollegInnen vom Wasser- und Schifffahrtsamt Berlin und dem Außenbezirk Fürstenwalde, die mir wichtige Informationen gaben und für mich freundlicherweise ihre – teilweise privaten – Archive öffneten.

Schifffahrt über den Berg

Geschichte und Entwicklung
des Oder–Spree–Kanals

von

Gordon Starcken

Vorwort

Liebe Leserinnen und Leser,
der Titel dieses Buches lautet „Schifffahrt über den Berg". Wieso „über den Berg" wird sich vielleicht der eine oder andere von Ihnen fragen! Diese Frage werde ich gleich im ersten Abschnitt des Buches beantworten…
Der Wunsch nach einer schiffbaren Verbindung von der Spree zur Oder bestand schon seit Jahrhunderten. Von der Idee Kaiser Karl IV., über den Bau des Kaisergrabens und des Friedrich–Wilhelm–Kanals bis zum Oder–Spree–Kanal in seiner heutigen Linienführung war es jedoch eine lange, wechselhafte Geschichte.
Der heute als Oder–Spree–Kanal bezeichnete Abschnitt der Spree–Oder–Wasserstraße beinhaltet den Kanal von Wernsdorf bis Große Tränke, die staugeregelte Fürstenwalder Spree und den als Scheitelhaltung bezeichneten Kanal zwischen Kersdorf und Eisenhüttenstadt (früher Fürstenberg an der Oder). Dieser knapp 90 Kilometer lange Teil zwischen dem Seddinsee und Eisenhüttenstadt ist der längste der 128,66 Kilometer langen Spree–Oder–Wasserstraße, die die Untere Havel-Wasserstraße über die Spree mit der Oder verbindet. Dieser Schifffahrtsweg durchquert Berlin von Spandau kommend in südöstlicher Richtung, um dann nach Köpenick, Wernsdorf, Fürstenwalde/Spree, Müllrose schließlich in Eisenhüttenstadt in der Oder zu münden. Er hat die Region zwischen Berlin und der Oder nachhaltig geprägt.
Die Dörfer, Städte und Firmen an ihren Ufern profitierten vom Schiffbau, von der durchfahrenden Schifffahrt und vom Handel, sowie von der Möglichkeit, kostengünstige Transporte durchführen zu können. In der nahen Stadt Berlin wurden riesige Mengen an Baustoffen gebraucht, die auch aus unserer Region kamen. „Berlin wurde aus dem Kahn

gebaut.": Kies, Mauersteine und Holz wurden für das schnell wachsende Berlin auf dem Oder–Spree–Kanal transportiert. Mit Schiffen war der Transport dieser Baustoffe einfach kostengünstiger und einfacher als über die Straßen zu realisieren.

Da 2016 das 125–jährige Jubiläum der offiziellen Eröffnung gefeiert werden kann, lag es auf der Hand, einmal zu versuchen, ein Gesamtbild auf das Papier zu bringen…

Alle Aussagen und Fakten in diesem Buch sind nach besten Wissen und Gewissen recherchiert und sollen Ihnen die Geschichte und Entwicklung einer schiffbaren Verbindung zwischen Spree und Oder von den Anfängen bis zur heutigen Zeit etwas näher bringen.

Für dieses Buch wurden viele Quellen, hauptsächlich zeitgenössische Literatur und Schriften, ausgewertet, um ein möglichst komplexes Bild dieses wasserbaulichen Großprojektes zu zeichnen. In einigen Abschnitten gelingt dies nur durch stark technisch ausgeprägte Formulierungen. Aber die Vielzahl von alten Zitaten, Fotos und Karten können den weniger technisch interessierten Leser hoffentlich darüber hinwegtrösten.

Ich wünsche Ihnen viel Spaß bei dieser Lektüre,

Gordon Starcken

Geologische und technische Voraussetzungen

Geologisch gesehen bot (und bietet) Brandenburg gute Voraussetzungen für den Transport von Waren auf Flüssen und Seen.

Das natürlich vorhandene Netz der schiffbaren Fließgewässer in Brandenburg ist mit dem Bau von Kammerschleusen relativ einfach miteinander zu verbinden. Die ehemaligen Abflussbahnen von Schmelzwässern, also Urstromtäler verschiedener Größenordnungen, boten sich für den Bau von Kanälen an.

So bestanden im – zum Ende der Weichseleiszeit entstandenen – Berliner Urstromtal günstige natürliche Voraussetzungen für den Bau einer Binnenwasserstraße zwischen Oder und Spree. In der Region Ostbrandenburg lässt sich der Verlauf dieses Urstromtals in etwa durch eine Linie beschreiben, die Eisenhüttenstadt über Müllrose und Fürstenwalde mit Berlin verbindet. Östlich von Müllrose bot sich die Schlaube bis zum Brieskower See für eine Kanalisierung an, so das zwischen Müllrose und der Spree nur noch eine Strecke von etwa zehn Kilometern mittels einer Kanalscheitelhaltung (Überquerung einer Wasserscheide) zu überwinden war. Diese Wasserscheide, genauer gesagt die Wasserscheidenlinie, ist der Grenzverlauf zwischen zwei benachbarten Flusssystemen. Im Falle des Oder–Spree-Kanals also der Grenzverlauf zwischen der Elbe und der Oder. Östlich fließen die Oberflächengewässer der Oder zu, westlich über Spree und Havel der Elbe. Die Überquerung dieses „Berges", der Wasserscheide zwischen Spree (Havel, Elbe) und Oder, und damit zwischen Nord- und Ostsee, war eine der großen Herausforderungen, die an die Idee einer „Schifffahrt über den Berg" verknüpft war.

Wenn man „relativ einfach zu verbinden" sagt, muss natürlich auch noch berücksichtigt werden, dass es die ersten urkundlich erwähnten Kammerschleusen in Deutschland erst im 14. Jahrhundert gab. Erst die bahnbrechende Erfindung dieser Schleusen mit geeigneten Verschlussorganen konnte den Weg für künstliche Wasserstraßen bereiten, wie wir sie heute kennen.

Erste Gedanken im 14. Jahrhundert

Es ist schon eine alte Idee, die Spree mit der Oder zu verbinden und so den Transport von Waren zu ermöglichen.

Der erste, von dem bekannt ist, dass er diesen Gedanken ernsthaft erwog, war Kaiser Karl IV. Er regierte von 1346–1378 und erwarb Mitte August 1373 im Vertrag von Fürstenwalde für eine halbe Million Gulden die Mark Brandenburg von Herzog Otto von Wittelsbach. Im „Codex diplomaticus Brandenburgensis" von Adolph Friedrich Riedel finden sich einige Urkunden, die den Verzicht des bayrischen Otto auf die Mark belegen. Unter anderem auch die vom 17. August 1373 von Riedel mit *„Kaiser Karl verschreibt dem Markgrafen Otto, daß ihm die Kur und das Erzkämmerer-Amt der abgetretenen Mark Brandenburg auf Lebenszeit verbleiben soll…"* bezeichnete Urkunde mit folgendem Text (Auszug):

Karl IV., Bild von Mikuláš Wurmser (1357 – 1358) Quelle: Wikimedia Commons (siehe Quellennachweis)

Wyr Karl, von gots gnaden Romischer Keyser, zu allen Zeiten Merer des Reichs und Kunig in Beheim, bekennen und thun offenlich mit diesem Brieve allen…der Hochge-borne Otto… dem Hochgeborn Wenzl, Kunige zu Behem und seinem Bruedern unsern Kinden die Marke zu Brandenburg abgetreten hat und die erblich an sy gewezet, als das in andern Briefen, die er doruber geben hat, volkomlich begriffen ist, doch so ist unser Mainung und wollen, das tuliches abtretten und vorwezen... so das Er [Otto], dieweil er lebt, eyn Kurfürste und Cammermeister des heyligen Reichs sein sulle...Mit Urkund diz briefs, vorsigelt mit unser Keyserl. Majestät Insiegele, geben uff dem Velde fur Furstenwalde, nach Christs Geburde dreyzehenhundert jare darnach in dem drey und Sibenzigisten Jar...".

Brandenburg wurde mit dem Übergang an Karl die zweite von Böhmen unabhängige Bastion der Luxemburger und deren zweites Kurfürstentum neben Böhmen. Die schlesischen Teilherzogtümer wurden bereits 1348 unter der böhmischen Krone vereinigt. Karl plante nun, Brandenburg wirtschaftlich an seine anderen Länder anzugliedern und einen durchgehend schiffbaren Wasserweg von der oberen Oder bis zur Nordsee zu schaffen. Dies sollte den Handel zwischen Schlesien, Böhmen und Hamburg erleichtern. Einige zeitgenössische Schriften sprechen davon, dass das um 1250 gegründete Fürstenberg an der Oder und Tangermünde an der Elbe Warenplätze erster Ordnung werden sollten.

Noch bevor der erste Schritt zur Realisierung der für die damalige Zeit kühnen Idee getan wurde, starb der Kaiser und der Plan geriet in Vergessenheit.

Man kann nun natürlich die Frage stellen, ob überhaupt ein echtes Bedürfnis für den Bau einer solchen Wasserstraße bestanden hat und ob der Transport mit Schiffen eine so wesentliche Rolle in der Wirtschaft spielte. Der Handel litt zu der Zeit sehr unter den Rechten der Städte, Klöster und des Adels. Durch Zölle und Stapelrechte war er schwersten Behinderungen ausgesetzt, hinzu kam die Unsicherheit auf den Landstraßen. Als Beispiel in unserer Region können die Privilegien der Stadt Frankfurt/Oder dienen. Frankfurt hatte sich das alleinige Beschiffungsrecht der Oder bis nach Crossen hinauf gesichert. So besagte das der Stadt verliehene Niederlags- oder Stapelrecht, das fremde Kaufleute bei ihrem Durchzug durch die Stadt die mitgeführten Waren drei Tage lang feilbieten, also den Frankfurtern zum Kauf anbieten mussten. Dieses Recht galt für alle Waren, die zu Lande oder auf dem Wasser transportiert wurden. Für die Frankfurter Kaufleute war dieses Recht ein großer Vorteil. Sie konnten ihr Vorkaufsrecht nutzen und stärkten damit ihre Position in der Region. Die Machtbefugnisse der Stadt reichten hinsichtlich des Zolles bis nach Müllrose. Wer durch Benutzung anderer Wege den Zoll umgehen wollte, musste damit rechnen, dass Frankfurter Ausreiter ihn mit Gewalt nach Frankfurt trieben.

Trotz dieser für einen blühenden Handel widrigen Verhältnisse entwickelte er sich zwischen Hamburg und Schlesien immer stärker. Der Wunsch, die unsicheren Landwege zu umgehen und eine schiffbare Verbindung über die Mark Brandenburg zwischen Elbe und Oder zu schaffen, wurde wieder lebendig.

Der Kaisergraben im 16. Jahrhundert

Etwa 200 Jahre nach dem Tod von Karls IV. griff Ferdinand I. den Plan einer schiffbaren Verbindung zwischen Spree und Oder wieder auf. Ferdinand I. war seit 1531 gekrönter Römischer König und von 1556–1564 Kaiser des Heiligen Römischen Reiches. Das Projekt scheint 1548 in Augsburg das erste Mal zur Sprache gekommen zu sein. Zu dem Zeitpunkt scheiterte aber die Idee Ferdinands am Widerstand Sachsens, welches eine geringere Benutzung seiner Landstraßen und dadurch den Verlust von Einnahmen befürchtete. Im Februar 1558 musste der Kurfürst von Brandenburg,

Ferdinand I.
Foto: Andreas Praefke

Joachim II. (1505–1571), dem Kaiser bei einem persönlichen Gespräch in Frankfurt an der Oder versprechen, mit dem Bau einer Schleuse in Fürstenwalde und dem Bau eines Grabens in Mühlrose (heute Müllrose) anzufangen. Ferner hatte er seine beiden Elbzölle auf die Hälfte und die 8 Havel- und Spreezölle auf drei zu vermindern.

Joachim II. von Lucas Cranach dem Älteren, 1529
Quelle: Wikimedia Commons (Sailko, siehe Quellennachweis)

Bisher gingen alle nach Hamburg bestimmten Waren von Breslau über Frankfurt nach Fürstenwalde auf der Achse und von dort entweder wieder auf Straßen oder zu Wasser über Spree, Havel und Elbe. Ebenso wurden die aus England und Holland kommenden Waren in Fürstenwalde ausgeladen, auf dem Landweg nach Frankfurt und von dort wieder auf dem Landweg von Frankfurter Kaufleuten selbst oder auf englische oder holländische Kommission nach Breslau gebracht. Von dort wurden die Waren von Breslauer Kaufleuten weiter nach Ungarn, Mähren und Österreich befördert.

Eine Kommission zur Untersuchung der Machbarkeit eines Kanalbaues zwischen Spree und Oder und zur Ausführung des Unternehmens wurde alsbald eingesetzt. Am 1. Juli 1558 kam dann in Müllrose ein Vertrag zustande, nach welchem der Kaiser den Graben von Neuhaus bis Müllrose und der brandenburgische Kurfürst den Ausbau der Schlaube vornehmen sollte. Von kaiserlicher Seite nahmen Mathias von Logau und Mathias von Lausnitz teil. Der Kurfürst sandte Kaspar Wiederstädt und Hieronymus Reiche, die Bürgermeister von Berlin und Frankfurt zu den Verhandlungen. Über diesen Vertrag und den Bau findet man in Chroniken der Region über 100 Jahre später folgendes:

„… und beschlossen, das die Einrichtung dieses Grabens in zwey Theile solte getheilet, und selbiger von der Spree

durch den Wirchner See [Wergensee] bis an die Brücke vor Mühlrose auf kayserl. Unkosten, von Mühlrose an aber bis an die Oder auf Khurfürstl. Unkosten verfertigt und unterhalten werden, hierbey nahm sich auch Kayser Ferdinandus der Räumung des Oderstrohms ernstlich an, verordnete zu solchen Ende ein grosses Geld zu denen darzu benötigten Unkosten…,..damit die Schiffahrt freyen Lauf erhalten möchte. Das Kayserl. Edict hierüber ist datiret Prag den letzten Nov. Anno 1561. Hierauf gieng die Arbeit an dem neuen Graben fort, kam aber bald, als allbereit 40000 Rthl. [Reichstaler] darauf von Kayserl. Seiten verwandt worden, wieder ins Stecken, welche vergebliche Arbeit (wovon man heutiges Tages die vestigia [Trümmer, Ruinen] noch siehet) von dem gemeinen Manne der Alte, oder des Kaysers Graben genennet wird…".

Kaiser Ferdinand I. ließ also die Arbeiten auf der von ihm übernommenen Westhälfte noch 1558 in Angriff nehmen und bis zum folgenden Jahr einen Kanalabschnitt von etwa 2,6 Kilometer, den heutigen Neuhauser Speisekanal, vom Wergensee Richtung Nordost ausführen. In den Jahren 1561–1564 wurde der Kanal mit einer weiteren Länge von 7,4 Kilometer bis an den Müllroser See herangeführt. Insgesamt waren so durch den Kaiser rund 10 Kilometer Kanal fertiggestellt worden.

Während der Kaiser seinen baulichen Verpflichtungen nachkam und 40.000 Reichstaler für den Bau des Grabens vom Wergensee bis Müllrose aufwendete, verzögerte der Kurfürst von Brandenburg die Arbeiten erheblich. Der Grund hierfür lag einerseits an fehlenden Geldmitteln aufgrund einer verschwenderischen Hofführung und verschiedenster weiterer Ausgaben des Kurfürsten und andererseits im Widerstand der Stadt Frankfurt und des Adels der im Kanalbereich liegenden Ländereien. So sah Frankfurt sein Niederlagsrecht für alle Waren im Ost–West–Handel und seine Einkünfte gefährdet und der Adel vermutete, dass durch den Kanalbau die Äcker und Wiesen überflutet würden. Allen voran verstanden es die Besitzer der Stadt Müllrose, die Familie von Burgsdorff, namhafte Abfindungen aus dem Vorhaben herauszuschlagen. Kaiser Ferdinand I. starb 1564; und mit ihm die treibende Kraft zur Vollendung des Kanals.

Maximilian II. versuchte zwar, das Werk seines Vaters weiterhin durchzusetzen, scheiterte aber am starken Widerstand der Gegner. Der Bürgermeister von Frankfurt, Dr. Kasper Wiederstädt, konnte den einflussreichen kurfürstlichen Rat und Hauptmann von Zossen und Trebbin, Eustachius von Schlieben, auf die Seite der Kanalgegner ziehen. Mit seiner Hilfe gelang es, das Projekt endgültig zu Fall zu bringen. Unter anderem brachten die Gegner des Kanals die Bedenken vor, dass die Schlaube den gesamten Kanal nicht mit genügend Wasser versorgen könnte, und dadurch der Kanal überhaupt nicht betriebsfähig zu halten sei. Die weitere Ausgabe von Mitteln wäre deshalb zwecklos. Hinter diesen so sachlich vorgetragenen Bedenken standen allerdings nichts weiter als die schon erwähnten Gründe. So wurde bei einer Zusammenkunft der kaiserlichen und kurfürstlichen Räte am 4. August 1567 in Müllrose die Einstellung der Arbeiten beschlossen. Der erste hoffnungsvolle Versuch einer schiffbaren Verbindung zwischen Spree und Oder war damit gescheitert.

Zu denen, die die das Misslingen des Kanalbaus mit Genugtuung begrüßten, gehörte auch der Markgraf Johannes, der in Küstrin residierte. Er befürchtete von der Kanalschifffahrt eine Schmälerung seiner nicht unbeachtlichen Einnahmen aus dem Oderzoll.

Die Stadt Frankfurt verbesserte alsbald die Transportbedingungen zwischen Spree und Oder auf ihre Weise und griff einen Vorschlag des kurfürstlichen Rates von Schlieben auf. 1588/89 wurde von der Spree ein Stichkanal von knapp einem Kilometer Länge zum Kersdorfer See gegraben und am östlichen Ufer des Sees ein Umschlagsplatz errichtet, der heute noch den Namen „Frankfurter Niederlage" trägt. Die Schleuse in Fürstenwalde wurde gebaut und die Spree von Fürstenwalde bis zur Frankfurter Niederlage schiffbar gemacht. Hier wurden alle Waren, die auf der Wasserstraße befördert wurden, niedergelegt. Dann ging es mit Karren weiter nach Frankfurt, wo die Waren wieder auf Schiffe umgeschlagen wurden. Mit diesem Projekt hatte sich Frankfurt das Stapelrecht gesichert.

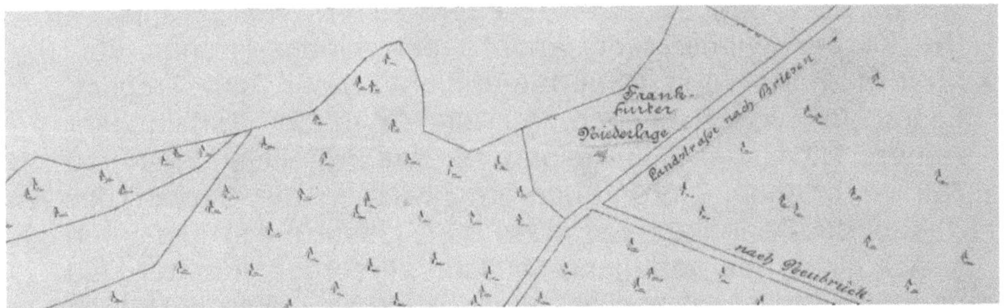

Kartenauszug Kersdorfer See mit Frankfurter Niederlage

Für die auswärtigen Kaufleute verkürzte sich der Landweg, aber Stapelzwang und zweimaliges Umladen blieben. Während der bisherige Weg mit den Karren von Fürstenwalde nach Frankfurt 38 Kilometer betrug, waren es nun nur noch 23 Kilometer. Frankfurt hatte auf der ganzen Linie gesiegt. Der Bau der Niederlage im Kersdorfer See und der Schleuse in Fürstenwalde fiel in die Zeit des Kurfürsten Johann Georg von Brandenburg (1525–1598), dem Sohn von Joachim II.. Dazu findet man in einer Beschreibung knapp 300 Jahre später: *„… Er suchte die Spree, die zu der Zeit kaum von Fürstenwalde an konte befahren werden, noch weiter schiffbar zu machen. … Die Spree wurde in den Kersdorfer, ohngefähr 2 Meilen von Frankfurt gelegenen See geleitet, und von dort an bis Fürstenwalde schiffbar gemacht: und dadurch konnten sie [die Kaufleute] ihre Waaren aus Schlesien und Pohlen die Oder hinunter führen, dießeits Frankfurt ausladen, und denn auf der Axe nach der Spree bringen. Aus dieser wurden sie über Berlin durch die Havel und Elbe nach Magdeburg, Hamburg, Lübeck,..gebracht.“*.

Johann Georg ließ 1585 auch durch eine Kommission den Graben in Augenschein nehmen. Sie fand, „das derselbe 2208 Ruten lang war und wenn man weitere Unkosten nicht scheute zum gewünschten Ende zu bringen sei". Die einzigen Bedenken gingen dahin, dass seine Vollendung die Nutzung der Frankfurter Niederlage stark einschränken würde: *„Sonsten aber ist der Platz zu solchen Bawen so gelegen, alß im Lande wol nicht besser zu finden sein."*.
Aber auch Kurfürst Johann Georg verfolgte den Plan nicht weiter; so blieb eine schiffbare Verbindung von der Spree zur Oder vorerst nur ein Traum.

Der Friedrich–Wilhelm–Kanal

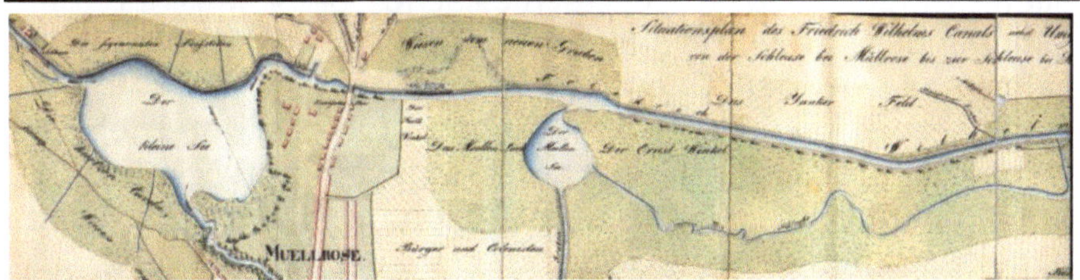

Karte Friedrich–Wilhelm–Kanal Müllrose, 1800

Das Projekt, eine Verbindung zwischen Spree und Oder zu schaffen, ruhte nunmehr wieder fast einhundert Jahre.
Die Kriegshandlungen und Verwüstungen des dreißigjährigen Krieges (1618–1648), aber auch die durch sie verursachten Hungersnöte und Seuchen entvölkerten ganze Landstriche. So war in Brandenburg fast 40 Prozent der Bevölkerung ausgelöscht worden.
Am 01. Dezember 1640 trat Friedrich Wilhelm I., der ab 1675 auch der „Große Kurfürst" genannt wurde, die Nachfolge seines Vaters Georg Wilhelm inmitten katastrophaler politischer und sozialer Verhältnisse an.

Friedrich Wilhelm, der in seiner Jugendzeit in Amsterdam auch das Schiffbauerhandwerk und die wasserbaulichen Anlagen der Nieder-lande kennengelernt hatte, wollte nun diese Idee eines Kanals verwirklichen. Während das kaiserliche Interesse am Kanalbau stetig abnahm, wuchs das des Kurfürsten ständig. Von 1648 an beschäftigte sich Friedrich Wilhelm zur Wiederbelebung der Wirtschaft mit dem Projekt. Er wollte seinem – durch den Krieg fast an den Bettelstab gebrachten – Land wirtschaftlichen Aufschwung bringen. Dazu gehörte vor allen Dingen, dass der schlesische Landhandel von Magdeburg und Leipzig, sowie der Oderhandel in die

Friedrich Wilhelm I., A. und G. Romandon, um 1688
Quelle: Wikimedia Com-mons (Axel Hindemith, siehe Quellennachweis)

Mark gezogen werden sollte. Günstig für das Unternehmen war, dass die Oderschifffahrt sich langsam entwickelte. Der dreißigjährige Krieg hatte den Verkehr von den alten Land-handelsstraßen weggefegt und auf die Wasserwege, die billiger waren und größere Sicherheit boten, verwiesen.

Auf den verwahrlosten märkischen Flüssen behinderten allerdings Sandbänke, Strauchwerk und umgestürzte Bäume die Schifffahrt. Die Schiffer mussten „Vorfließer" – eine Art Lotsen – bezahlen, um die Fahrrinne freizumachen und sich an den Untiefen vorbei führen zu lassen. Das Treideln der Schiffe wurde durch erheblichen Wildwuchs an den Ufern erschwert. Nach 1655 erließ Friedrich Wilhelm I. daher mehrere Edikte zur Flussräumung.

Der Plan zum Bau des Grabens wurde bereits im Jahr 1653 entworfen, wie der Landesrecess (Art. 65) dieses Jahres aussagt. Ein Bericht aus dem Berliner Staatsarchiv vom Jahr 1655 belegt das Interesse des Kurfürsten mit den folgenden Worten: "*Es sollte mit erfahrenen Leuten überlegt werden, wie das Werk am füglichsten anzugreifen sei und ihnen dann dasselbe mit Zusicherung verdungen werde.".* Der Lebuser Kreis erhielt den Auftrag, Wehre zu bauen und die Schlaube aufzuräumen. Wie eine Untersuchung 1660 ergab, war dies nicht erfolgt. Einzelne Strecken waren so mit Holz und Strauchwerk angefüllt und hatten so viele Krümmungen, dass die Kommission nicht ohne Lebensgefahr die Strecke befahren konnte. Eine Untiefe nötigte sie sogar, die Besichtigung am Ufer fortzusetzen.

Der Generalquartiermeister Jakob von Holst und der Inhaber der Komturei Lietzen, Maximilian von Schlieben bekamen den Auftrag, die Verhältnisse vor Ort zu überprüfen. Das Ergebnis wurde am 09. Januar 1657 dem Kurfürsten berichtet: danach war der verfallene „Alte Graben" noch vorhanden und wiederherstellbar. Wasserführung und Gelände der Schlaube befand man für die Kanalisierung als geeignet.

Trotz dieses positiven Berichtes erhielt erst am 30. April 1660 der Landvermesser Schmidt aus Frankfurt/Oder den Auftrag vom Kurfürsten, die erforderlichen Vermessungsarbeiten für den „Neuen Graben" vorzunehmen.

Der Plan für den „Neuen Kanal" sah folgendes vor: die Erdarbeiten sollten vom Müllroser See gleichzeitig nach Osten zur Oder und nach Westen zur Spree vorangetrieben werden. Zur Oder sollte die Schlaube kanalisiert werden, nach Westen sollte die Trasse des vorhandenen „Alten Graben" bis nach Neuhaus am Wergensee ausgebaut werden. Das Wasser für den Kanal sollte die Schlaube liefern. Von der Lieberoser Hochfläche kommend, fließt die Schlaube mit insgesamt 40 Meter Gefälle über das Schlaubetal und den Großen Müllroser See in den Kleinen Müllroser See und von dort in nordöstlicher Richtung in den Brieskower See, einem alten Seitenarm der Oder oberhalb von Frankfurt.

Mit der Bauausführung des Kanals beauftragte der Kurfürst seinen Baumeister und Generalquartiermeister Philipp de Chiese (1629–1679) und ernannte ihn zum „Hauptmann zu

Biegen". De Chiese wurde zu einem späteren Zeitpunkt als einer der Baumeister des Potsdamer Stadtschlosses bekannt. Der Bau der Schleusen und Brücken wurde dem erfahrenen Holländer Michiel Mattysz Smidts (1626–1692) übertragen, der seit 1653 als Hofbaumeister dem Kurfürsten diente.

Als geplante Kosten wurden de Chiese 32.382 Reichstaler, Smidts für den Bau von zehn Schleusen und sechs Brücken 30.000 Reichstaler zur Verfügung gestellt.

Im Müllroser Kirchenbuch ist durch Pfarrer Petrus Kolheim zum Baubeginn vermerkt: *„Anno 1662 am 7. Juni ist Ihre Kurfürstliche Durchlaucht zu Brandenburg bey Keysermühle angelangt und folgenden Tag der Anfang zum Schiffgraben gemacht worden, welchen schon das Römische Reich 1558 hat angefangen machen zu lassen und haben in diesem Jahre 500 Mann ohne Zimmerleute daran gearbeitet, im folgenden Jahr aber 600 Mann; in diesem Jahre ist auch der Graben vor dem Beeskowschen Thore bey der Lage herüber aufgeführet. 1664 und 1665 haben 500 Mann daran gearbeitet. 1666 als der Marsch in Cleve ging, haben 200 daran gearbeitet und 1667 haben ohngefähr 150 Mann dran gearbeitet.".*

Alle Bauten des Kanals, wie Brücken, Schleusenkammern und Schleusentore, bestanden aus Eichenholz. Für den Bau einer Schleuse wurden schon allein fünf Schock (300 Stück) Eichenstämme durch die Zimmerleute verarbeitet. Tausende Baumstämme mussten aus den kurfürstlichen Wäldern in der Region bis Neuzelle geschlagen und auf größtenteils unbefestigten Wegen herangeschafft werden. Für diese Arbeiten und Transporte wurden viele Arbeitskräfte und Pferdegespanne benötigt, die die umliegenden Dörfer und Städte zur Verfügung zu stellen hatten. Am 24. März 1662 regelte eine kurfürstliche Verordnung, das *„die Städte Frankfurt, Fürstenwalde, Beeskow, Storkow, Peitz und Cottbus ihre Pferde neben benötigten Knechten herauszugeben und dieselben zur Anfahrung des Holzes an die Schleusen* *beim neuen Graben"* zur Verfügung zu stellen hätten. Da die Städte dies nur sehr widerwillig taten, folgte eine weitere Verordnung mit dem Hinweis, dass sie *„…widrigen Falls der militärischen Execution gewärtig sein…"* müssten. Die dem Kanal nächstliegenden Städte hatten für Futter und Lohn zu sorgen und trugen damit einen Großteil der Lasten beim Kanalbau. Auch wenn es in der Verordnung so klingt – die Bürgermeister der Städte wurden nicht gleich erschossen, wenn sie nicht Folge leisteten. Bei Nichtgehorsam kamen Soldaten unter Waffen und setzten das Recht des Kurfürsten durch. Diesen Soldaten durfte dann noch kostenfrei Unterkunft gewährt, Verpflegung gegeben und Sold gezahlt werden. Bei diesen Aussichten stellten die Städte dann doch lieber die benötigten Pferde, nebst Knechten zur Verfügung. Auch die Beschaffung von Arbeitskräften für die Erd- und Bauarbeiten war nicht einfach. So wurden, wie aus dem Müllroser Kirchenbuch ersichtlich, zum Beispiel im Jahr 1666 Soldaten für die Intervention des Kurfürsten gegen den Münsteraner Fürstbischof von Galen benötigt (Frieden von Kleve), die dann an der Baustelle fehlten.

Die ursprüngliche Planung sah den Bau von insgesamt zehn Schleusen vor. Diese Anzahl reichte aufgrund des Geländes und der hydraulischen Verhältnisse nicht aus, und so mussten drei weitere Kammerschleusen und zwei Fangschleusen gebaut werden. Auch die Anzahl der Brücken erhöhte sich von sechs auf acht Brücken. Geeignetes Holz für diese Bauten wurde in den kurfürstlichen Wäldern langsam knapp; so konnten die Stadt Müllrose und die von Burgdorffs noch ein gutes Geschäft mit Fichten- und Eichenstämmen machen. Auch die veranschlagten Mittel reichten durch die zusätzlichen Bauten nicht aus, um den Kanal fertigzustellen; es mussten noch einmal 8.100 Reichstaler in das Projekt gesteckt werden.

Trotz dieser Schwierigkeiten wurde der Kanal Mitte des Jahres 1668 fertiggestellt. Zur Überprüfung der Fertigstellung sandte der Kurfürst die Obristen Plettenberg und

Wernicke in die Region und gab den Befehl, den „Neuen Graben" von einem bis zum anderen Ende zu besichtigen und ihm darüber zu berichten. Sie gaben nach der Fahrt vom Brieskower See zur Spree folgendes zu Protokoll: *„Der Grabe hat sonsten unseres Ermessens Wasser genug. Beim neuen Häuschen aber muß die Einfahrt aus den See entweder getiefet oder eine Fangschleuse geleget werden.".*

Anfang August 1668 lud Kurfürst Friedrich Wilhelm I. in der Nähe von Müllrose zu einer Festtafel ein. Anschließend befuhr die Gesellschaft den „Neuen Graben".

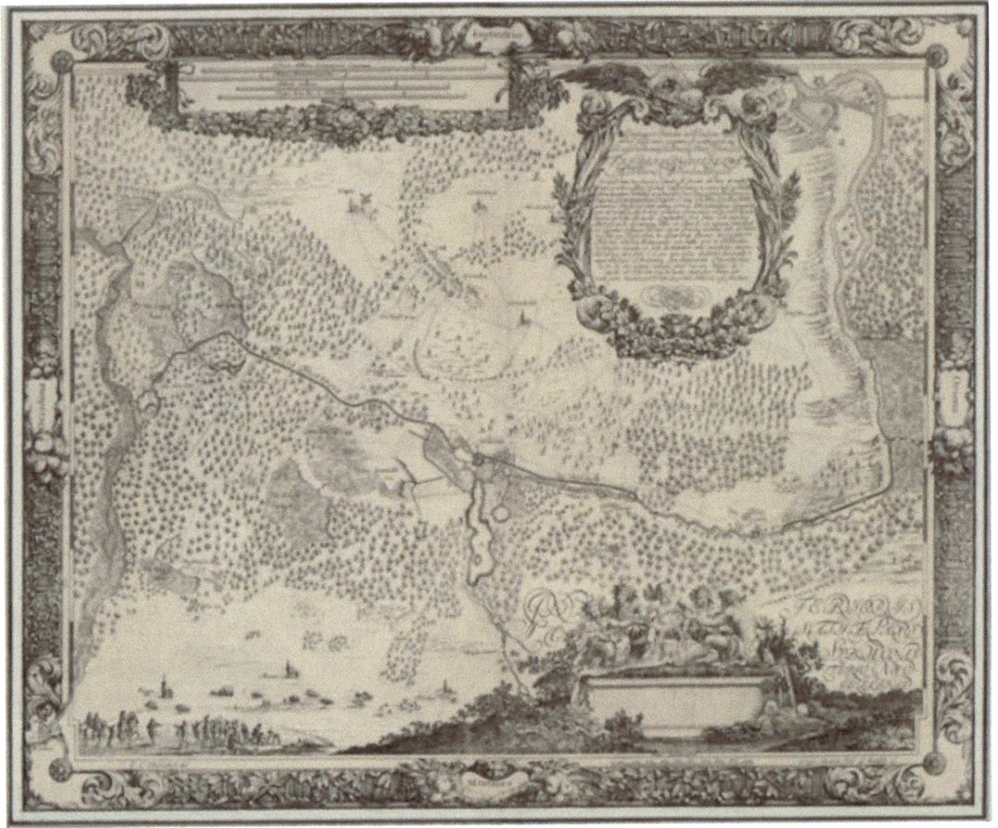

Karte des Friedrich–Wilhelm–Kanals von 1670
Quelle: Sächsische Landesbibliothek - Staats- und Universitätsbibliothek Dresden, Signatur/Inventar-Nr.: SLUB/KS A5439

Der erste deutsche Scheitelkanal überwand die Wasserscheide zwischen Oder und Elbe. Der westliche Kanalteil folgte im Wesentlichen der Linienführung des alten Kaisergrabens. Von Müllrose ab wurde zum Teil der alte Schlaubelauf als Kanalstrecke ausgebaut. Der Kanal war 23 Kilometer lang und erreichte mit seinem trapezförmigen Querschnitt eine Wasserspiegelbreite von etwa 18,00 Meter und eine Tiefe von 1,25 Meter. Die Fallhöhe von der Scheitelhaltung bis zur Spree betrug etwa 3,80 Meter, die zur Oder je nach Wasserstand der Oder 18,85–23,00 Meter. Zur Überwindung dieser Höhen wurden zwei Kammerschleusen und eine Fangschleuse für die Trasse vom Wergensee (Spree) bis zur Scheitelhaltung, für das Teilstück bis zum Brieskower See (Oder) elf Kammerschleusen und eine Fangschleuse errichtet.

Eine Beschreibung des Kanals aus dem Jahr 1780 lautet:

„ Dieser Kanal, der 3 deutsche Meilen lang, 5 rheinländische Ruthen breit ist, und 6 Fuß tiefe Wasser führet, gehet 1 ½ Meile oberhalb Frankfurth, aus der Oder, theils in, theils neben der Schlubbe herauf, nach dem bey Mühlrose gelegenen See, der zum Vertheilungspunkt dienet, läuft sodann gegen die Spree herunter, und fällt bey Neubrück, ohnweit Neuhaus, in selbige.".

Am 09. März 1669 fuhren fünf große Oderkähne von Breslau ab, passierten am 18. März als erste Schiffe den Neuen Graben und gelangten am 22. März mittags in Berlin an. Sie gehörten dem Breslauer Handelshaus Schmettau und waren mit 28 Garnfässern, 4 Rötefässern und 1,5 Tonnen Wachs beladen. Die Ladung wurde in Berlin auf andere Schiffe umgeladen und am 24. März weiter nach Hamburg befördert. Noch in demselben Monat befuhr ein mit Salz beladenes Schiff die Gegenrichtung. Der märkische Chronist Johann Christoph Bekmann berichtet über die Fahrt: *„Es hat sich begeben, daß ein Schiffer von Hamburg, Hans Friedenreich, mit 30 Lasten Lüneburger Salz durch den Neuen Graben gegangen, und auf der Oder an der Niederlage zu*

Frankfurt angelanget, allwo die Leute aus Frankfurt haufen-weise an die Oder gekommen, und mit Verwunderungen angesehen, daß Hamburger Schiffe von dem Neuen Graben, bis auf die Niederlage angelanget.". Die gute Verbindung zwischen Spree und Oder sprach sich zwischen den Kaufleuten herum und mehr und mehr Schiffe befuhren den Kanal. Eine Schleusung dauerte damals je nach Fallhöhe zwischen 15–45 Minuten. Sieben Leute versahen den Schleusendienst. Die Schleusenkammern waren so groß, dass sechs große Oderkähne zugleich geschleust werden konnten. Ein Kahn konnte nach Marperger damals fünf Lasten oder sechs bis sieben große Leinen- oder Garnfässer (á 20-30 Zentner) aufnehmen und wurde durch einen Steuermann und zwei Schiffsknechte gefahren. Der Steuermann und der vorderste Knecht erhielten als Lohn für die Fahrt von Breslau nach Berlin 20 Reichstaler. Die Fortbewegung auf dem Kanal geschah durch Treideln oder Staken, bei Wind wurden auch Segel gesetzt.

Ein Teil der Waren, vor allem die kostbaren, nahmen zwar immer noch andere Wege – der größere nahm doch den bequemeren und billigeren über den Neuen Graben nach Berlin. Schon 1671 schlug mehr als der vierte Teil derjenigen polnisch-schlesischen Waren, welche zuvor auf dem Landweg transportiert wurden, diese Richtung ein. Durch die Eröffnung der Wasserstraße wurde Berlin zum großen Umschlagplatz sämtlicher durchgehender Waren und entwickelte sich zu einem Handelszentrum. Die Eröffnung des Kanals kann unter anderem ursächlich für den schnellen Aufstieg Berlins zu der Handelsmetropole gesehen werden, die sie in den nächsten Jahrzehnten wurde.

Die alten Gegner des Kanals wollten sich aber noch nicht geschlagen geben. Die Stadt Frankfurt versuchte durch allerlei Intrigen, die Schifffahrt von der Benutzung des Kanals abzuhalten. Außerdem beschwerten sich die Stadtoberen beim Kurfürsten und pochten auf die alten Rechte. Pragmatisch und reformfreudig hob dieser kurzerhand die

Sonderrechte auf und schaffte damit in dieser Hinsicht ein für alle Mal Ruhe. Mit seinem Grundsatz, Handel und Wandel möglichst zu erleichtern, war die Aufrechterhaltung dieser Privilegien unvereinbar. Sie hätten ein wesentliches Hindernis für die Benutzung des Neuen Grabens bedeutet.

Am östlichen Kanalteil, der zum Teil den alten Schlaubelauf benutzte, befanden sich viele Mühlen, so in Mühlrose (heute: Müllrose), Kaisermühl, Schlaubehammer, Hammerfort, Weißenspring und Lindow. Insgesamt trieb die Schlaube neun Mehlmühlen, zwei Kupfer- und zwei Eisenhämmer an. Deren Besitzer bereiteten der Schifffahrt durch eigenmächtiges Aufstauen und Ablassen des Wassers häufig Schwierigkeiten. Der Kurfürst sah sich deswegen genötigt, gegen die Widerspenstigen eine scharfe Verordnung zu erlassen. Alten Unterlagen zufolge hatte sie folgenden Wortlaut: *„…Derjenige Müller, der sich, so oft er wolle, unterstehen wird, das Wasser anders zu halten, als die Marqueurs [Markierungen, Pegel] bestimmen, wird, wenn er betroffen wird, für jeden Zoll über oder unter den Marqueurs bei Tage mit 5, bei Nacht mit 10 Talern bestraft. Fruchtet das nicht, so muß er den entstandenen Schaden ersetzen. Ist er dreimal bestraft, und wird er zum vierten Male betroffen, dann – rein mit ihm in die Hausvogtei – vier Wochen Haft oder mehr, je nach Befinden.“*.

Die Bauwerke des Kanals bereiteten aufgrund ihrer Bauweise oft Probleme. Die aus Eichenholz gebauten Schleusen bewährten sich nicht. Sie erforderten zu große Unterhaltungsarbeiten und ließen durch Undichtigkeiten zu viel Wasser ungenutzt abfließen. Man entschloss sich deshalb, neue massive Schleusen aus Stein zu bauen. Dies geschah in den Jahren 1699–1716. Im Rahmen dieses Projektes verringerte man die Anzahl der Schleusen und legte die Scheitelhaltung um einen Meter tiefer. Die Buschschleuse (zwischen Neuhaus und Biegenbrück) wurde abgerissen und es entstand der sogenannte „lange Trödel" von Neuhaus bis Müllrose. Im Abstieg zur Oder verschwand die Schleuse bei

Kaisermühl, die Schleusen Wustrow (Hammer) und Klixmühle. Die Strecke von Müllrose bis Schlaubehammer wurde als „kurzer Trödel" bezeichnet. Von 1713 bis 1740 wurden insgesamt 65.000 Reichstaler für Reparaturen und die Verbesserung der Schifffahrtsbedingungen aufgewendet. Als sich die Schiffer oft aus Mutwillen verspäteten, nur mit einem einzigen Kahn durch die Schleusen gelassen werden wollten, die Beamten im Falle einer Weigerung beschimpften und sich ohne Wissen und Beisein der Schleusenmeister selbst durchschleusten, sollten Verordnungen von 1684, 1708 und 1740 diese Missstände abstellen. Der Zollverwalter musste darauf achten, *„daß sich niemand, er sey wer er wolle, auf zwey rheinische Ruthen lang von beyden seiten des neuen Grabens einige Bohtmäßigkeit anmaße"*.

In den Jahren 1827–1868 wurde der Kanal abermals gründlich überholt. Man vertiefte den langen Trödel und baute neue, mit versetzten Toren ausgestattete Schleusen, in denen zwei nebeneinanderliegende Finowmaßkähne von 40,20 Meter Länge und 4,60 Meter Breite Platz fanden. Das Finowmaß ging 1845 als das erste standardisierte Binnenschiffsmaß in die Geschichte ein.

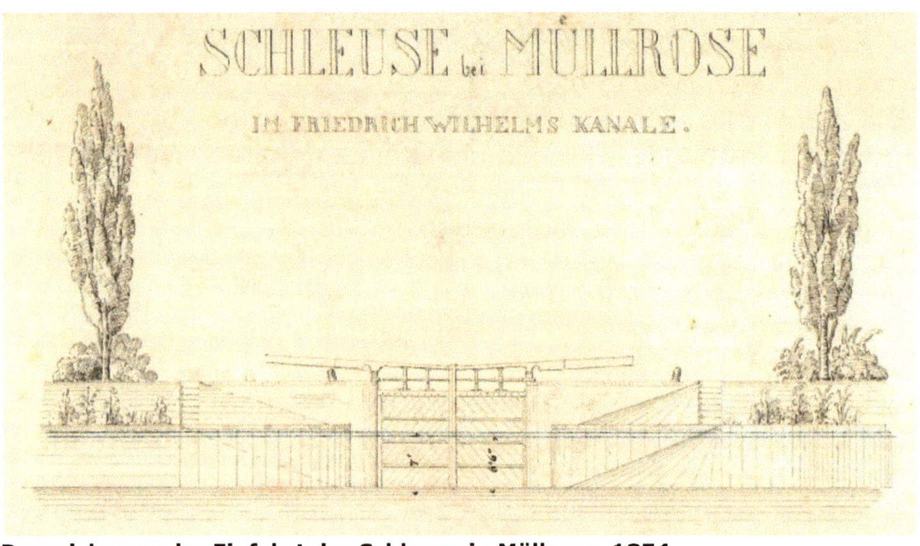

Bauzeichnung der Einfahrt der Schleuse in Müllrose, 1854

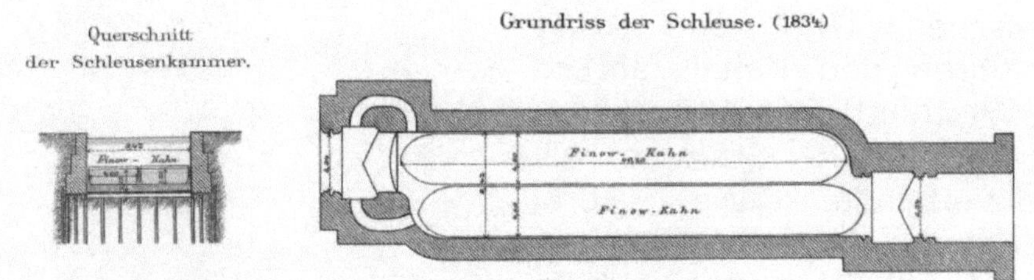

Finowmaß-Schleusen des Friedrich–Wilhelm–Kanal
Quelle: Wandplan „Die Märkischen Wasserstraßen", 1891

Ein 1869 errichteter Gedenkstein an der Schleuse Weißenberg erinnert noch heute an diese Arbeiten und das damalige 200jährige Bestehen des Kanals.

Bauzeichnungen des Gedenksteines, um 1870

Zwischen 1837 und 1884 befuhren den Kanal jährlich durchschnittlich 8.100 Kähne, sowie 42.000 Stämme als Floßverbände. Die Fortbewegung der nicht mit eigener Kraft fahrenden Schiffe geschah durch Schieben, Segeln, sowie Treideln mit Menschen und Pferden. Die Segel leisteten bei windigem Wetter sehr gute Dienste; bei Windstille allerdings mussten der Schiffer, seine Knechte und selbst auch mal die Frau des Schiffers die Leinen in

**Kahn unter Segel,
Postkarte um 1900 (Auszug)**
Quelle: Archiv Autor

die Hand nehmen und den Kahn ziehen.

Als sich nun Ende des 19. Jahrhunderts die Industrie und der Kohlenbergbau Oberschlesiens besonders nach 1871 sehr stark entwickelten und immer mehr Absatz in Richtung Westen suchten, musste bald festgestellt werden, das der bestehende Kanal nicht mehr ausreichte. Der zwischenzeitlich in „Friedrich–Wilhelm–Kanal" umbenannte Schifffahrtsweg konnte mit seiner Linienführung, den vielen Staustufen und seinen geringen Abmessungen den gestiegenen Anforderungen der Schifffahrt, vor allen denen der Schleppdampfer, nicht mehr gerecht werden. Die wichtigste Verbindung zwischen Hamburg, Berlin und Breslau geriet nach über 200 Jahren an ihre Kapazitätsgrenze.

Nach Vollendung des Oder–Spree–Kanals verlor das 11,2 Kilometer lange Teilstück zwischen Schlaubehammer und Brieskow seine Bedeutung für den Schiffsverkehr. Nachdem kurz vor Ende des Zweiten Weltkrieges Schleusentore und Brücken gesprengt wurden, war eine durchgehende Schifffahrt nicht mehr möglich.

Die Wiederherstellung des Friedrich–Wilhelm–Kanals wurde in den 1950er Jahren als nicht mehr erforderlich angesehen. Mit dem DDR-Ministerialblatt Nr. 14 vom 16. Mai 1951 erfolgte die offizielle Umbenennung in „Brieskower Kanal" und der Übergang des Kanalabschnittes von der Schleuse Schlaubehammer bis zur Oder an die Wasserwirtschaft. Der Kanal mit seinen Anlagen blieb sich selbst überlassen und verfiel zusehends.

Eigentümer ist heute das Landesamt für Umwelt, Gesundheit und Verbraucherschutz Brandenburg, das die Stauhaltung sichern muss. Die Schleusen wurden größtenteils zugeschüttet und nur für die Abflussregulierung mit Rohren versehen. Einer Wiederschiffbarmachung steht die brandenburgische Landesregierung derzeit ablehnend gegenüber.

Von der Wasser- und Schifffahrtsverwaltung des Bundes wird heute nur noch das 550 Meter lange Teilstück vom Abzweig aus dem Oder–Spree–Kanal bis zur ehemaligen Schleuse Schlaubehammer betreut. Nur bis dort ist das Befahren vom Oder–Spree–Kanal aus mit Sportbooten heute noch möglich.

Die anderen Strecken zwischen den ehemaligen Schleusen sind teilweise versumpft. Die Natur hat sich den ehemals so stark befahrenden Kanal zurückerobert und so haben nunmehr unter anderem Biber ihre Heimat gefunden.

Auf dem Teilstück oberhalb der ehemaligen Schleuse

Kammer der Schleuse Hammerfort, 2013
Foto: Autor

Groß Lindow kann mit einem historischen Treidelkahn die Historie des Kanals erlebt werden.
Im Winter 2013/14 fanden an der Schleuse Ober-Lindow von 1716 durch den Wasser- und Bodenverband „Schlaubetal/Oderauen" Arbeiten zur Sicherung der Stauhaltung statt. Neben dem Ersatzneubau des Staubauwerkes wurde das Unterhaupt durch Verfüllung gesichert.

Karte der Schleuse Ober-Lindow am Friedrich–Wilhelm–Kanal, um 1850

Die untere Denkmalschutzbehörde des Landkreises erließ gemäß §9 des Gesetzes über den Schutz und die Pflege der Denkmale im Land Brandenburg eine Erlaubnis mit der Auflage, die Maßnahme durch einen Archäologen begleiten und dokumentieren zu lassen.

Diese Aufgabe übernahm der Fürstenwalder Stadthistoriker und Archäologe Florian Wilke. Die nachfolgenden Bilder und Zeichnungen hat er mir dankenswerterweise für dieses Buch zur Verfügung gestellt.

Bei den Arbeiten wurde eine Holzspundwand gefunden, die wahrscheinlich als umlaufende Spundwand eingerammt wurde, um das äußere Grundwasser vom Baukörper fernzuhalten, sowie etwas entferntere Rundpfähle (Verankerung der Spundwand oder Festmacherpfähle). Die dendrochronologische Untersuchung der Jahresringe ergab, dass die Rundpfähle im Winter 1716/17 gefällt wurden. Da die Kanten der Spundwand beschnitten waren, ergab sich das Jahr 1703; es kann aber vermutet werden, dass sie zusammen mit den Rundpfählen gefällt und verarbeitet wurden.

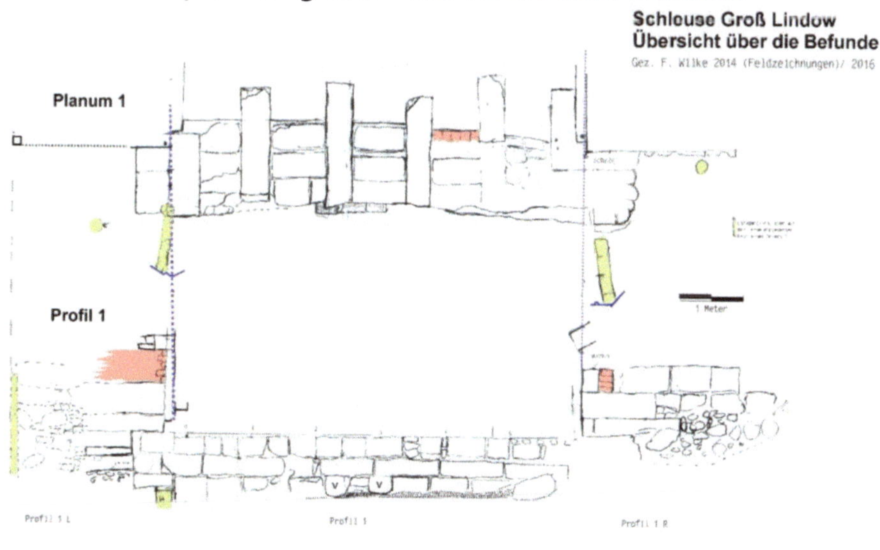

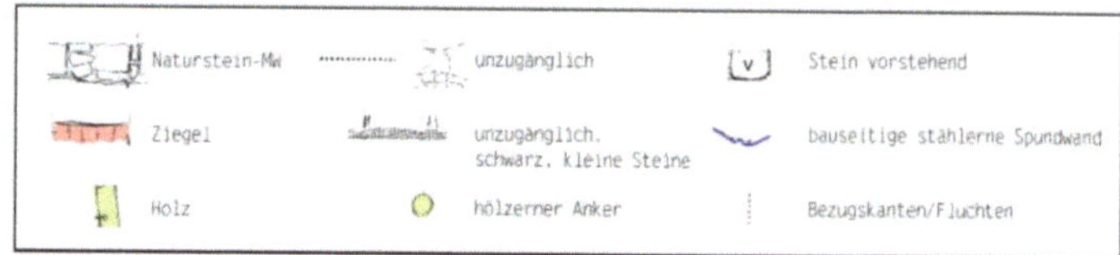

Blick Richtung Oberhaupt

Fragment der Holzspundwand

Der Oder–Spree–Kanal nach dem Gesetz von 1886

Auszug aus der Urkunde der Grundsteinlegung 1887

Mit Gesetz vom 9. Juli 1886 entschloss sich die Preußische Regierung zum Bau eines neuen Kanals von Berlin zur Oder.
Hierfür wurden 12,6 Millionen Reichsmark zur Verfügung gestellt. In den Jahren 1887–1891 kam dieses Vorhaben zur Ausführung. Auf dem Gelände der „Königlichen Wasserbau-Inspektion Fürstenwalde" wurde ein Bauhauptbüro eingerichtet, von dem die Bauarbeiten koordiniert wurden.

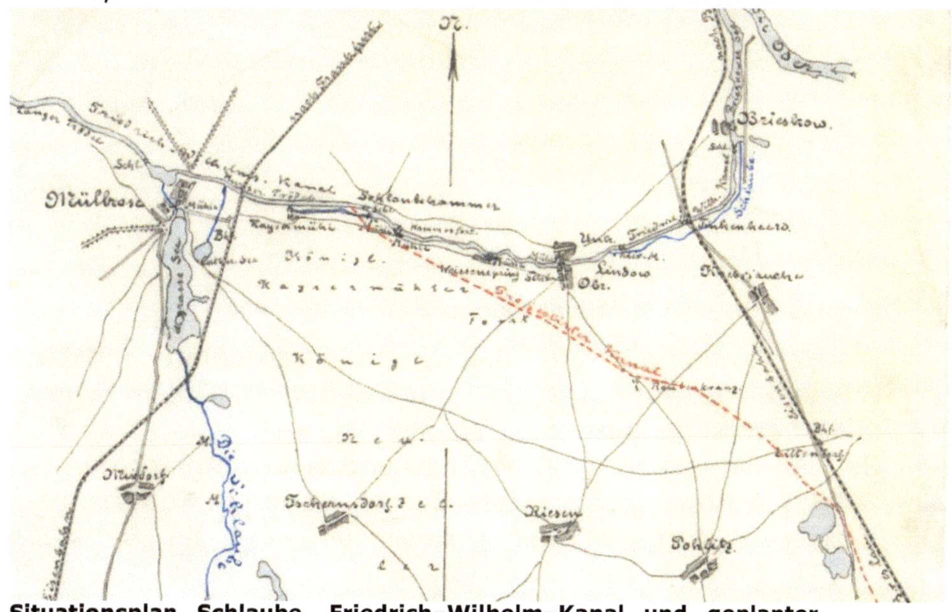

Situationsplan Schlaube, Friedrich–Wilhelm–Kanal und geplanter Oder–Spree–Kanal, 1886

Vor Beginn des eigentlichen Baus wurden an den geplanten Schleusenbaustellen und entlang der Strecke Abteilungs- und Streckenbüros eingerichtet und jede mittels einer Fernsprechleitung mit dem Hauptbüro verbunden.

Im Laufe des Jahres 1887 wurden die Erdarbeiten auf der Strecke Große Tränke–Seddinsee in Angriff genommen.

Die Strecke, deren Aushub etwa 2,2 Millionen Kubikmeter (m³) betrug, wurde in zwei Lose aufgeteilt. Die öffentliche Ausschreibung ergab einen Preis von 0,41 Mark/m³ (entspricht einem heutigen Wert von 10,51 Euro/m³). Bei den Arbeiten wurden neuartige Trockenbagger mit Förderbändern eingesetzt, deren Durchschnittsleistung für die 10stündige Arbeitszeit bis zu 2.000 m³ betrug.

Kanalbauarbeiten mit Dampfbagger und Loren, um 1890

Da der Kanal die alten Landwege durchschnitt, mussten Brücken gebaut werden. An sieben Brücken wurde 1887 bereits gebaut.

Bei den Schleusen Große Tränke und Wernsdorf wurden die Sohlen betoniert. Für den Beton wurde *„...Rüdersdorfer Kalksteine und Wildauer Cement und auf der Baustelle*

selbst gefundener Mauersand im Verhältnis von 1 Theil Cement auf 3 Theile Sand und 5 Theile Steine verwendet.".
Am 18. Oktober 1887 erfolgte bei Große Tränke die feierliche Grundsteinlegung durch den Oberpräsidenten der Provinz Brandenburg, Dr. Achenbach, im Beisein der Regierungspräsidenten von Neefe und von Heyden, des Regierungs- und Baurates Dieckhoff, des Baurates Mohr und einiger anderer geladener Gäste. Der Königliche Baurat Mohr aus Fürstenwalde verlas eine Urkunde mit folgendem Wortlaut:

URKUNDE
Seine Majestät, Wilhelm I., von Gottes Gnaden Deutscher Kaiser, König von Preußen, haben unter Zustimmung der beiden Häuser des preußischen Landtags durch das Gesetz vom 9 Jul 1886 die Verbesserung der Schifffahrtsverbindung von der mittleren Oder nach der Oberspree bei Berlin zu befehlen geruht. Nachdem die zur Ausführung des Gesetzes erforderlichen Vorbereitungsarbeiten vorgenommen sind, wird heute, am 18. October des Jahres 1887, als am 57. Geburtstag Seiner Kaiserlichen Hoheit des Kronprinzen des Deutschen Reichs und von Preußen und am 74. Gedenktag der Völkerschlacht bei Leipzig, der Grundstein dieses Baues in den Oberdrempel der Schleuse bei Große Tränke gelegt. Möge das begonnene Werk ohne Störungen zur Vollendung gelangen, möge es ein bleibendes Wahrzeichen deutscher Kraft und deutschen Geistes sein, möge es endlich für alle Zeiten den Provinzen Schlesien und Brandenburg und dem ganzen Vaterlande zu Heil und Segen gereichen! Das walte Gott!
*   Große Tränke, den 18. October 1887*
(gez.) Dr. Achenbach.   von Neefe.   von Heyden.
*   Dieckhoff.   Mohr.*

Bei der Grundsteinlegung wurde eine eigens für diesen Zweck gefertigte kupferne Kartusche wasserdicht im

Drempelabschlussstein der Schleuse eingesetzt. Diese enthielt die schon zitierte Urkunde von Kaiser Wilhelm I., eine Karte mit dem zukünftigen Verlauf des Kanals, Tageszeitungen und einige Münzen.

Der Abschlussstein mit der unversehrten Kartusche wurde dank eines aufmerksamen Bauaufsehers der Wasser- und Schifffahrtsverwaltung 2004 beim Rückbau der Schleuse geborgen. Die Fundstücke können seit 2013 im Informationszentrum zur Geschichte des Oder–Spree–Kanals im denkmalgeschützten Gebäude der Nordschleuse Kersdorf besichtigt werden.

Bergung des Grundsteins am 01.10.2004

Inhalt der geborgenen Kartusche
Quelle (beide Bilder): WSA Berlin

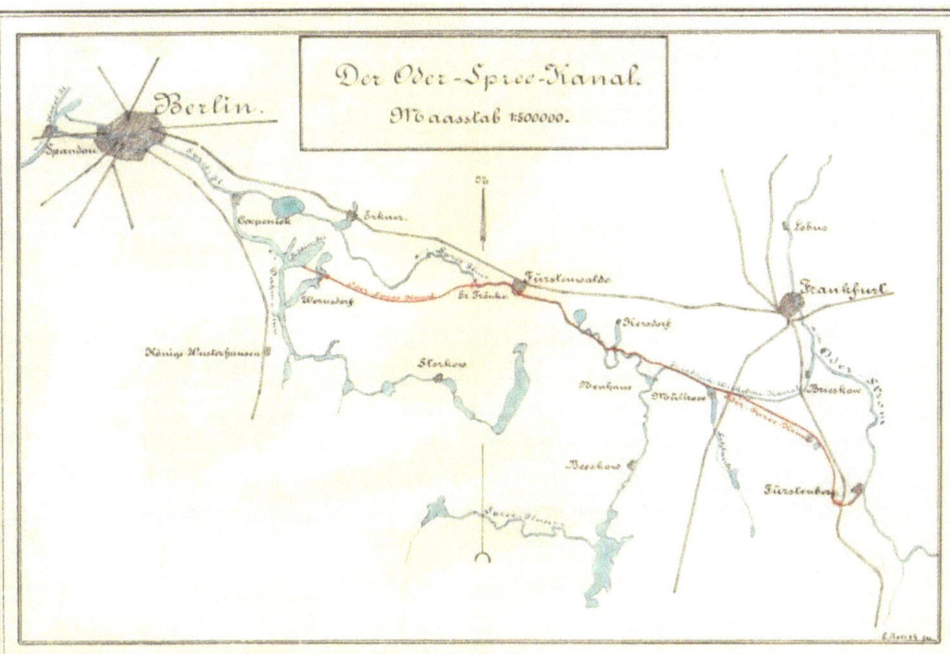

Die Verbesserung der Schifffahrtsverbindung von der mittleren Oder nach der Oberspree bei Berlin, welche auf Grund des Gesetzes vom 9. Juli 1886 zur Ausführung gelangt, umfasst die Herstellung eines Wasserweges zwischen der Oder bei Fürstenberg und dem Seddin-See im Dahme-Gebiet. Im Volksmunde ist dieser Wasserstrasse der Name „Oder-Spree-Kanal" beigelegt. Der Friedrich-Wilhelms-Kanal, welcher bereits seit dem Jahre 1668 die Oder bei Brieskow mit der Spree bei Neuhaus verbindet, genügt den vorhandenen Bedürfnissen nicht mehr und es soll nunmehr der Oder-Spree-Kanal den Anforderungen auf grössere Fahrtiefe und Breite Abhilfe schaffen.

Der Kanal beginnt im Fürstenberger See an der Oder und steigt von hier durch eine fahrbare Schleuse zur Scheitelhaltung, deren Wasserspiegel 13,32 m über dem Niedrigwasser der Oder liegt. Die Scheitelhaltung führt von hier bis zum Kersdorfer See an der Spree und besitzt eine Länge von 39 km, von denen 27 km neuherzustellen sind, während auf 12 km Länge der Friedrich-Wilhelms-Kanal unter entsprechender Vergrösserung benutzt wird. Die Speisung dieser Haltung erfolgt zum Theil durch Grundwasser, zum Theil aus der Schlaube. Eine Schleuse von 2,93 m grösstem Gefälle führt bei Kersdorf hinab zur Spree, welche zwischen Kersdorfer See und dem Fürstenwalder Stau einer umfassenden Begradigung und Vertiefung unterzogen wird. In Fürstenwalde wird neben der vorhandenen eine neue Schleuse erbaut. 6 km unterhalb dieser Stadt, bei der Ablage Grosse Tränke, verlässt der Kanal mittelst einer Schleusenanlage die Spree, welche hier durch ein Wehr aufgestaut ist, und erreicht sein Ende im Seddin-See, einer Erweiterung der Dahme, unweit des Einflusses derselben in die Spree. Bei Wernsdorf vermittelt eine Schleuse mit dem bedeutenden Gefälle von 4,95 m den Abstieg zu dem genannten Flusse.

Der Kanal erhält 14,0 m Sohlbreite, 2,0 m Wassertiefe und 23,0 m Breite im Wasserspiegel. Die Schleusen erhalten 8,0 m Breite in den Thoren, 9,0 m Breite in der Kammer, 55 m Kammerlänge und 2,5 m Drempeltiefe. Die Brücken erhalten 2 Oeffnungen von je 10,0 m Lichtweite und 3,20 m lichter Höhe über Wasser. Bei diesen Abmessungen können Fahrzeuge bis zu 6000 Centner Tragfähigkeit verkehren.

Die Länge des Kanals beträgt: in neu herzustellenden Strecken 50 km, in Flüssen und Seen 23 km, im Friedrich-Wilhelms-Kanal 12 km; zusammen 85 km.

Die Baukosten sind auf 12600000 Mark veranschlagt.

Mit der Bauausführung ist am 1. October 1886 begonnen, für die Beendigung ist der 1. April 1890 in Aussicht genommen worden.

Fürstenwalde a Spree, den 15. October 1887.

Der Königliche ...

Beschreibung des Kanals, Inhalt der Kartusche
Quelle: WSA Berlin

Linienführung und Längsschnitt

Skizze zum Verlauf, 1887

Der Kanal erhielt nach Prüfung von zahlreichen Entwürfen und Vorschlägen die größtenteils noch heute vorhandene Linienführung.

Von einem Ausbau der in vielen Mäandern verlaufenen Müggelspree nahm man Abstand. Es wären zwei Staustufen, sowie mehrere Durchstiche und Begradigungen notwendig gewesen. Die landwirtschaftlichen Belange durften ebenfalls nicht außer Acht gelassen werden. Sie ließen einen großzügigen Ausbau nur mit einem sehr hohen Kostenaufwand zu, der als unwirtschaftlich eingeschätzt wurde.

Zur damaligen Linienführung: der Kanal begann am Seddinsee, ging durch den Schmöckwitzer Werder und kreuzte den Wernsdorfer See. Bei Wernsdorf stieg er mit einer Kammerschleuse zur Haltung Wernsdorf–Große Tränke auf. Die Hubhöhe betrug je nach dem Wasserstand der Dahme 3,70–4,70 Meter. Die Höhe entsprach dem natürlichen Gefälle der früher als Wasserstraße benutzten Müggelspree. Diese entsprach einmal wegen ihres starken Gefälles und andererseits wegen ihrer zahlreichen und außerordentlich engen Krümmungen dem bestehenden und aufkommenden Verkehr nicht mehr.

In Große Tränke wurde eine Wehranlage in der Müggelspree errichtet, die dazu diente, bei geringer Wasserführung der Spree die Haltung Große Tränke–Fürstenwalde nicht unter den Normalstau von Wernsdorf absinken zu lassen. Im Gegenzug dazu sollte die im Kanal befindliche Schleusenanlage verhindern, das bei starker Wasserführung der Spree, die am Wehr Große Tränke einen Aufstau bedingt, die Haltung Wernsdorf–Große Tränke über Normalstau angespannt wird. Außerdem wurde für die Schleppschifffahrt so ein Kanalstück mit nur geringer Strömung geschaffen. Die Schleuse Große Tränke stand die größte Zeit des Jahres, wo mittlere und niedrige Wasserführung der Spree vorhanden war, offen. Das Wehr wurde zwar mit einem senkbaren Schiffsdurchlass ausgerüstet, führte aber in der Folge zum vollständigen Erliegen der Schifffahrt auf der Müggelspree.

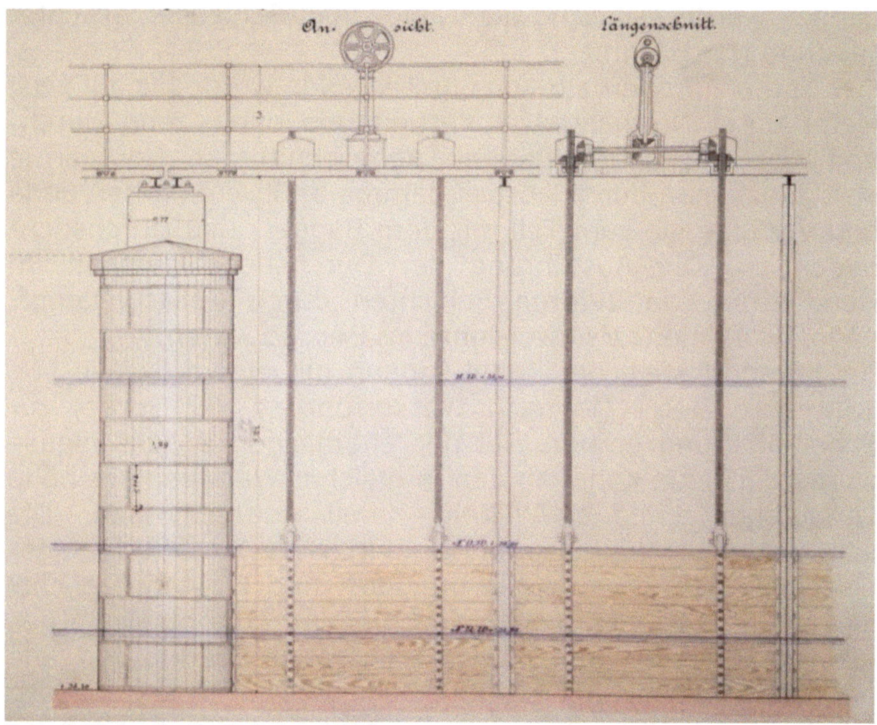

Detail Wehr Große Tränke, 1889

In Fürstenwalde befand sich seit Jahrhunderten ein Mühlenstau, der mit Rücksicht auf die Landeskultur nicht beseitigt werden durfte. Bei Beginn des Kanalbaues waren noch drei Mühlengerinne und zwei Freiarchen vorhanden; die

Umgehung des Staus geschah durch eine Finowmaß-Schleuse mit versetzten Häuptern. Hier wurden nun erhebliche Veränderungen vorgenommen. Zwei der Gerinne wurden zugeschüttet und nur eines mit zwei unterschlächtigen Wasserrädern in Betrieb gelassen. Die nördliche Freiarche wurde teilweise abgebrochen, ein Teil des Spreelaufes zugeschüttet und zu Lager- und Bauplätzen verwendet. Die südliche Freiarche mit hölzernem Überbau und veralteter Schütztechnik bekam eine neue Überführung, sowie moderne Schütze. Eine neue Schleuse mit 68 Meter Länge wurde südlich der Finowmaß-Schleuse errichtet (heutige Nordkammer).

Der Spreelauf oberhalb von Fürstenwalde wurde bis auf zwei Meter unter Normalwasser vertieft und durch zehn Durch- und Abstiche begradigt. Die abgeschnittenen Spreearme verschloss man durch Absperrdämme an ihrem oberen Ende und verfüllte sie zum Teil mit dem Bagger- und Durchstichboden zu. Die Ausführung der Durchstiche geschah im Handbetrieb; in tieferen Schichten durch sieben Dampfbagger, die mehr als zwei Jahre im Betrieb waren.

Bei Kersdorf stieg der Kanal sodann mit einem Gefälle von 1,24–3,10 Meter (je nach Wasserführung der Spree) zur Scheitelhaltung empor. Bei der ehemaligen Buschschleuse wurde der neue Kanal an den in gleicher Wasserspiegelhöhe verlaufenen Friedrich–Wilhelm–Kanal angeschlossen. Die alte Schleuse Müllrose konnte durch die Schaffung einer einzelnen Haltung zwischen Kersdorf und Fürstenberg entfallen. Sie lag in einer scharfen Biegung kurz oberhalb des Kleinen Müllroser Sees. Es wurde daher beschlossen, die neue Fahrt nicht durch die alte Schleuse zu führen, sondern einen Durchstich herzustellen. Die alte Schleuse wurde nicht abgebrochen; nach Ausheben der Tore wurde sie als Hafen für Schiffe der Wasserbauverwaltung genutzt. Beim Aushub des Durchstiches stieß man auf die Überreste einer früheren Schleuse, die mit massiven Häuptern und hölzernen Kammerwänden erbaut war. Diese war bei der

Ausserbetriebnahme nur bis zur Wasserspiegelhöhe abgebrochen worden und musste nun komplett beseitigt werden.

Die Mühlen und Staurechte entlang des Friedrich–Wilhelm–Kanals wurden sämtlich durch die Verwaltung angekauft, um allen Entschädigungsansprüchen bei der Verwendung des Schlaubewassers für die Speisung des Kanals auszuschließen. Sie sollten später mit Ausschluss der Berechtigung auf Wasserkraft wieder veräußert werden. Dieser Plan ging auf, da zu den Mühlen einige Landflächen gehörten und sie bereits mit Dampfmaschinen zum Betrieb der Anlagen ausgerüstet waren. Der Mühlbetrieb bei Kaisermühl wurde gänzlich eingestellt, da der frühere Schlaubelauf vom Kanal gekreuzt wurde und eine Unterführung bei den moorigen Untergrundverhältnissen sehr kostenintensiv gewesen wäre.

Kurz oberhalb Schlaubehammer verließ der Oder–Spree–Kanal das Bett des Friedrich–Wilhelm–Kanals und führte in gerader Linie nach Fürstenberg. Die Strecke Schlaubehammer–Fürstenberg, die durchweg ohne Grundwasser im/auf märkischen Sandboden liegt, konnte ohne Schwierigkeiten in der Bauausführung hergestellt werden. Da allerdings zum Teil grobe, sehr durchlässige Sandschichten angeschnitten wurden, mussten die Dämme gedichtet werden.

Bei Fürstenberg führte der Kanal auf einer drei Kilometer langen Strecke mit einer aus drei Stufen bestehenden Schleusentreppe von 12,45 Meter bei mittleren Oderwasserständen (14,28 Meter bei niedrigem Oderwasserstand) zur Oder hinab. Diese Stufen wurden so bemessen, dass sie bei mittleren Wasserständen gleichmäßig je 4,15 Meter betrugen. Bei hohen Oder-Wasserständen konnte die Fallhöhe der unteren Schleuse sich bis auf 0,77 Meter vermindern und bei niedriger Wasserführung der Oder bis auf 5,98 Meter anwachsen. Um die Schwankungen in den einzelnen Haltungen zwischen den Schleusen möglichst gering zu halten, wurde eine Mindestentfernung von 1.200 Meter zwischen den Schleusen festgelegt.

Nach der unteren Schleuse wurde der Kanal durch die nun eingedeichte Oderniederung und den Fürstenberger See geführt. Der Fürstenberger See wurde durch Baggerungen in Kanalprofilform gebracht. In die Oder trat er dann in einem Durchstich mit einer schwach stromabwärts gerichteten Kurve ein.

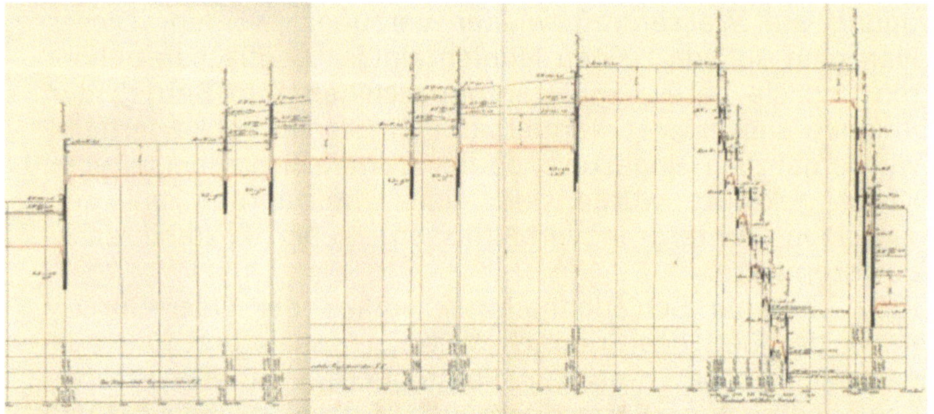

Gefälle und Tiefen von Friedrich–Wilhelm–Kanal und Oder–Spree–Kanal, 1890

Eine zeitgenössische Beschreibung lautet:

„Dieser Kanal zweigt aus dem Seddinsee, einer Ausbuchtung der Dahme-Wasserstraße 10Km oberhalb Cöpenick ab und erreicht nach 25Km die Fürstenwalder Spree, benutzt die Spree dann auf 20Km Länge, um wieder als Kanal in einer Länge von 38Km die Wasserscheide zwischen Spree und Oder zu überwinden. Mit dem Abstieg von 4Km mündet er in die bei Fürstenberg a.d. Oder von alters her vorhanden gewesenen seeartigen Ausbuchtungen (den sogenannten Inneren und Äußeren See) und mit diesen in die Oder.".

Schon Kaiser Karl IV. hatte Fürstenberg als eventuelle Mündung in die Oder geplant. Diese Idee wurde nun nach sieben Jahrhunderten realisiert. Die Gesamtlänge des Kanals vom Seddinsee bis zur Oder betrug rund 89 Kilometer.

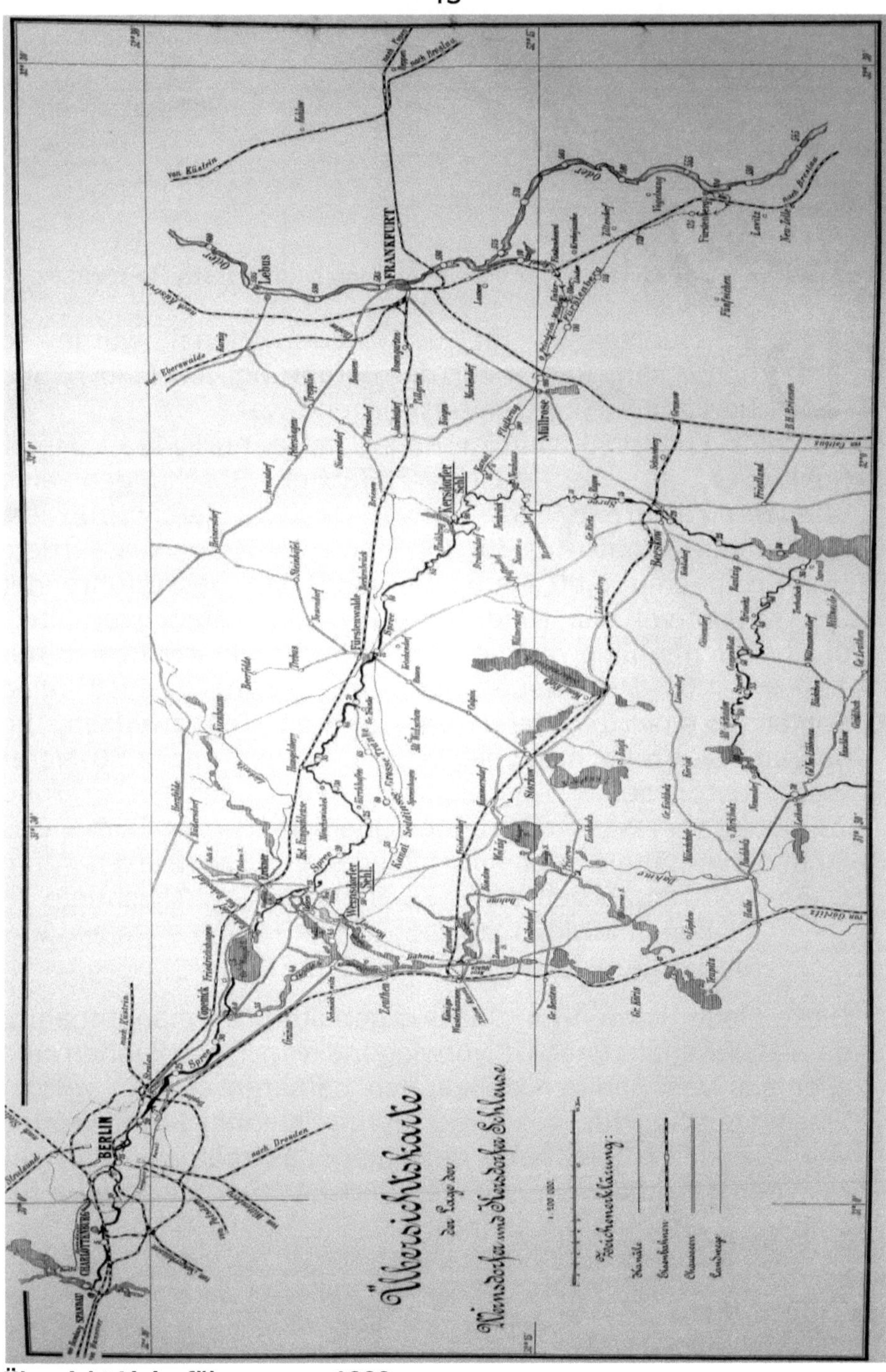

Übersicht Linienführung, um 1900

Querschnitt

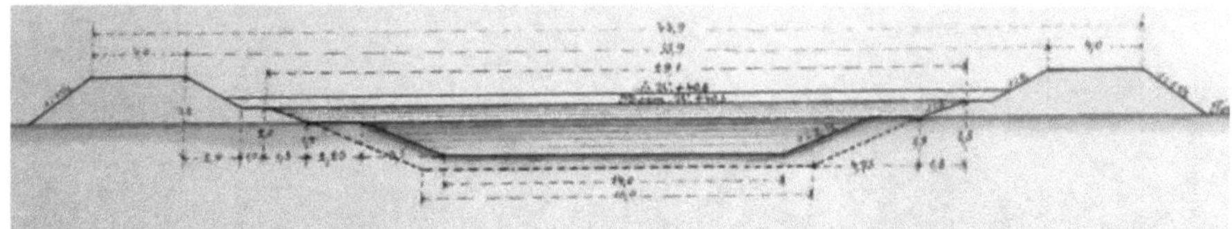

Querschnitt des Kanals in der Scheitelhaltung (Auftragsstrecke), 1888

Der Querschnitt für den neuen Kanal wurde so bemessen, das er für die Befahrung von Finow- und Berliner Maßkähnen ausreichend war.

Der alte Friedrich–Wilhelm–Kanal hatte nur 11–12 Meter Sohlbreite, so dass er bei 2,5fachen Böschungen eine Wasserspiegelbreite von etwa 18,00 Meter aufwies. Demzufolge ergab sich für ihn bei 1,25 Meter Wassertiefe (für Schiffe mit 1,00 Meter Tiefgang) ein wasserführender Querschnitt von nur rund 18m² und ein Eintauchverhältnis des beladenen Finowkahnes zum Wasserquerschnitt von nur 1:4 = 4,0. Der neue Oder–Spree–Kanal erhielt eine Sohlbreite von 14 Meter, im unteren Teil zweifach, im oberen Teil dreifach angelegte Böschungen und 2,00 Meter Wassertiefe: seine Wasserspiegelbreite betrug also rund 23 Meter, sein wasserführender Querschnitt rund 36m². Das Eintauchverhältnis der verschiedenen Schiffsarten zum Querschnitt ergab sich bei 1,75 Meter größter Tauchtiefe

für den Finowkahn zu 1:5,2;
für den Berliner Maßkahn zu 1:3,2.

Diese Maße wurden für zulässig gehalten, da man annahm, dass der Kanal zunächst vorwiegend von Finowkähnen und allenfalls von Berliner Maßkähnen befahren werden würde. Einem Ausbau für zukünftig aufkommende Schiffsgrößen wurde dadurch Rechnung getragen, das man von vornherein den Grunderwerb auf der Südseite um vier Meter für eine Verbreiterung ausdehnte.

Maße der Bauwerke

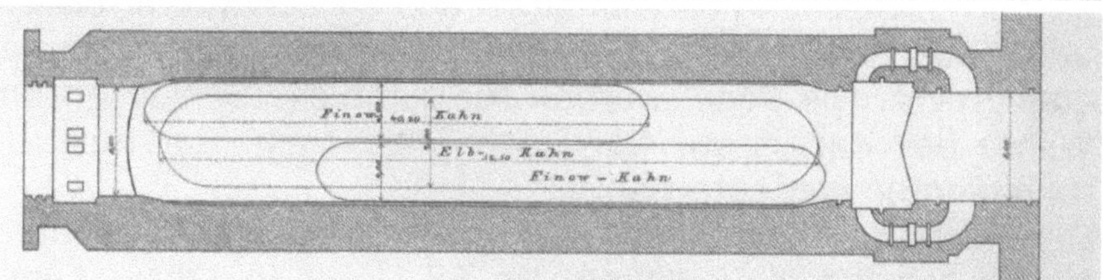

Grundriss der Schleusen des Oder–Spree–Kanal
Quelle: Wandzeitung „Beschreibung Märkische Wasserstraßen", 1890

Die Schleusen erhielten 55 Meter nutzbare Länge bei 9,60 Meter Kammer- und 8,60 Meter Häupterbreite und 2,50 Meter Wassertiefe über dem Drempel.
Alle Bauwerke wurden standardisiert mit gleicher Bauweise errichtet. Als Grundsatz für die Ausrüstung der Schleusen galt: überall da, wo drei Meter Fallhöhe nicht überschritten werden, sind hölzerne Tore einzubauen, bei größeren Fallhöhen eiserne Tore. Außerdem wurden bei mehr als zwei Meter Gefälle die Obertore als Klapptore, darunter als Stemmtore konstruiert. Die Bedienung der einzelnen beweglichen Schleusenteile sollte nur dort mit Maschinenkraft geschehen, wo das Gefälle drei Meter übersteigt; darunter war die Bewegung durch Menschenkraft vorgesehen.
Die Schleusen wurden zwischen Spundwänden gegründet und aus Klinkern in Zementmörtel erbaut. Die Ecken, Drempel und Wendenischen wurden aus Granit hergestellt, die Schleusenmauern durch Klinkerrollschichten abgedeckt, die nur an den Ecken und Nischen für die Steigeleitern eine Abdeckung aus Granitplatten erhielten. Alle weiteren Ecken wurden mit schwarzblauen Scholwiner Eisenklinkern ummauert.
Eiserne Nischenpoller in den Seitenwänden und Plattformpoller auf den Schleusenmauern stellten die Befestigung der Schiffe während des Schleusens sicher. In den Schleusenkammern wurden Steigeleitern in Nischen eingebaut.

An beiden Häuptern der Schleusen wurden in dazu ausgesparten Nischen Porzellanpegel aus 20 Zentimeter breiten und ebenso hohen Platten in einem Stahlrahmen angebracht. Die Pegel wurden für sämtliche Schleusen und Wehre des Kanals auf Normal-Null bezogen. Zur Beleuchtung dienten vier Laternen.

Die Schleuse Fürstenwalde wurde als Muster für spätere Neubauten mit einer Länge von 68 Meter (nutzbare Länge von 65 Meter) ausgeführt.

Bei jeder Schleuse wurde ein Gehöft für den Schleusenmeister, bestehend aus Wohnhaus und Stallgebäude, sowie ein Schuppen zur Aufbewahrung der Dammbalken und ein Häuschen für die Schleusenknechte vorgesehen. Das Schleusenmeisterwohngebäude wurde massiv erbaut, komplett unterkellert und enthielt drei Wohnräume, eine Küche, ein Kommissionszimmer und mehrere Kellerräume für die Aufbewahrung von Öl, Petroleum und sonstigen Geräten und Materialien für den Schleusenbetrieb. Das massive Stallgebäude enthielt einen Holz-, Kuh-, Schwein- und Hühnerstall, sowie einen einsitzigen Abort (Plumpsklo) mit betonierter Grube. Das Häuschen für die Schleusenknechte schließlich wurde ebenfalls in massiver Bauweise errichtet und hatte genügend Platz für die Aufstellung von Betten und eines Tisches und konnte durch einen Ofen beheizt werden.

Mehr zu den einzelnen Bauwerken ist im Abschnitt „Wasserbauliche Anlagen des Oder-Spree-Kanals" zu finden.

Als erste Brücke wurde die Chausseebrücke in Schmöckwitz, deren Konstruktion als Muster für alle Brücken am Kanal diente, erbaut. Die Brücken wurden durchweg mit zwei Öffnungen von je zehn Meter lichter Weite angelegt, von denen aber noch 1,10 Meter auf den hervorstehenden Leinweg entfiel. Dieser Weg führte entlang des gesamten Kanals, unter den Brücken dienten auf Eisenbahnschienen gelegte Holzbohlen als Verbindung.

An allen Brücken wurde die Sohle auf rund 55 Meter nach jeder Seite hin bis auf 2,50 Meter unter Normalwasser hergestellt, um so bei etwa später stattfindenden Vertiefungen weit genug von den Bauwerken entfernt zu bleiben.

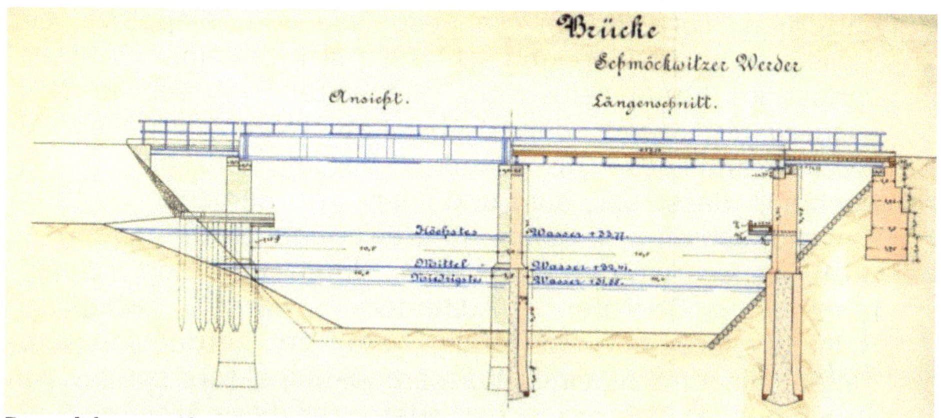

Bauzeichnung Chausseebrücke, 1890

Die Durchfahrtshöhe unter den Brücken bei Normalwasser war mit 3,50 Meter bemessen. Die Chausseebrücken wurden mit einer lichten Weite von 6,00 Meter zwischen den Hauptträgern geplant; die Wegebrücken nur mit einer Breite von 4,50 Meter.

Die bestehenden Wasserläufe wurden in gusseisernen Dükern unter dem Kanal durchgeführt. Die Rohre wurden auf hölzerne Schwellen gelegt, die miteinander durch vernagelte Flacheisen verbunden sind. Die Abdichtung der einzelnen Muffen der Rohre erfolgte durch in Talg getränkte Hanfstreifen, die in den Zwischenraum eingestemmt wurden und darauf gegossene Bleistreifen. Um ein späteres Reinigen der Rohre zu erleichtern, wurde eine dünne eiserne Kette durch die Düker gelegt. Diese sollte bei Notwendigkeit mit einem stärkeren Seil und daran befestigten Besen durch die Düker gezogen werden.

Da nicht davon ausgegangen werden konnte, das die Dichtungsarbeiten an den Dämmen erfolgreich durchgeführt werden konnten, plante und errichtete man je ein

Sicherheitstor in Fürstenberg, an der Sandfurthbrücke, bei Schlaubehammer und oberhalb der Schleuse Wernsdorf. Diese waren zweischiffig mit einem Mittelpfeiler erbaut und hatten je zwei Öffnungen von 8,60 Meter Breite. Die hölzernen Tore waren genauso wie die Klapptore der Schleusen konstruiert und schlossen sich bei einem Wasserverlust im Kanal selbsttätig. Sie waren mit Schwimmern ausgerüstet; durch deren Absinken sollte bei fallendem Wasserstand das Tor gehoben werden. Sie hatten den Nachteil, dass sie aufgrund der erforderlichen leichten Bewegungsfähigkeit schon in Bewegung traten, wenn es noch nicht erwünscht war, z.B. durch den Sog schnellfahrender Dampfer. Außerdem waren erhebliche Reinigungsarbeiten notwendig, um sie betriebsfähig zu halten. Ein Bericht eines Wasserbau-Inspektors spricht von einem ganzen Tag pro Sicherheitstor für diese Arbeiten.

Das Sicherheitstor unter den Sandfurthbrücke wurde errichtet, da der Kanal hier in unmittelbarer Nähe zur Spree verläuft und der Kanalwasserspiegel etwa 1,60 Meter über dem Spreewasserspiegel liegt. Die Trennung zwischen Kanal und Spree wurde durch einen in der Krone zehn Meter breiten, beiderseitig am Fuß mit starken Faschinenpackwerken geschützten Erddamm geschaffen.

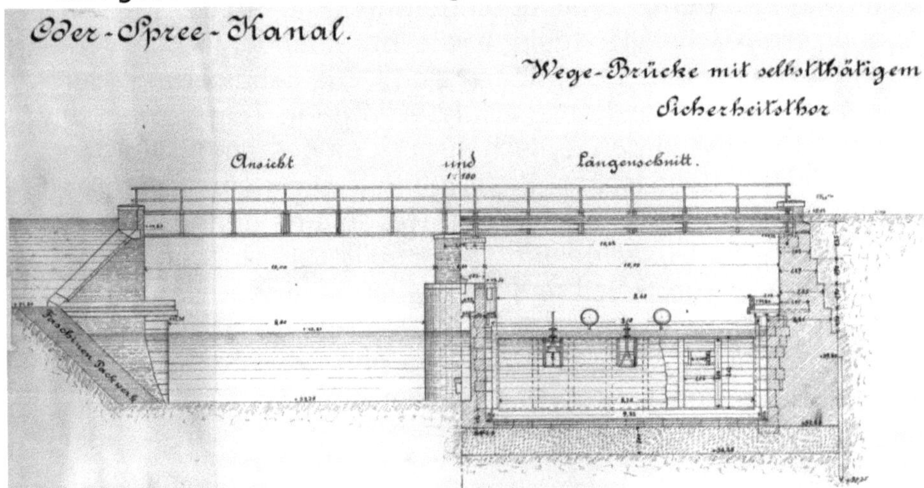

Bauzeichnung Wegebrücke mit Sicherheitstor, 1893

Baukosten

Der Königliche Baurat Mohr hat die Bauausführungskosten in einem Bericht sehr ausführlich dargestellt. Die folgenden Zahlen in der damaligen Währung Mark stammen aus dieser Zusammenstellung.

I. Grunderwerb und Nutzungsentschädigung	1.260.000
II. Erd- und Böschungsarbeiten	4.510.000
III. Bauwerke	5.040.000
IV. Buhnen und Uferbefestigungen	715.000
V. Sonstiges	1.075.000

Im Ganzen betrugen die Kosten 12.600.000 Mark.

Dafür sind an Bauwerken zur Ausführung gekommen:
- 7 massive Schleusen
- 1 Wehr
- 4 Sicherheitstore
- 23 Brücken, ausschließlich der über die Schleusen
- 8 Düker
- 8 kleinere, massive Bauwerke
- der Umbau der Freiarche in Fürstenwalde
- 9 Schleusenmeister-, bzw. Buhnenmeistergehöfte und die Gebäude des Bauhofes in Fürstenwalde

Für den Ankauf von rund 740 Hektar Grund und Boden, der drei Mühlengehöfte und der Staurechte von zwei weiteren Mühlen wurden die unter I. genannten Kosten notwendig. Es wurden ungefähr 6.000.000 Kubikmeter Erde ausgehoben und 75.000 Kubikmeter Packwerke gefertigt.
Die Bauleitungskosten mit dem Aufwand für Schreib- und Zeichenkräfte, der Bauaufsicht und der Beschaffung von Büroräumen kosteten zusätzlich rund 500.000 Mark.

Ein neuer Schiffstyp für den Oder–Spree–Kanal

Im Centralblatt der Bauverwaltung wurde am 23. November 1889 zu einem Wettbewerb für einen neuen Schiffstyp aufgerufen.
Die hohen Ansprüche an die abzugebenden Entwürfe sind in dem nachfolgenden Ausschreibungstext zu finden:

Preisausschreiben.

Zur Erlangung von Entwürfen beziehungsweise Modellen für ein am zwecKmäßigten erbautes, zum Befahren der Oder, des Oder-Spree-Canals und der Spree innerhalb der Stadt Berlin am meisten geeignetes Segel- oder Lastschiff von mindestens 8000 Centner Tragfähigkeit wird hiermit eine Wettbewerbung unter den deutschen Schiffsbaumeistern ausgeschrieben.

Erfordert wird, daß das Fahrzeug bei geringster Masse an Baustoff die größte Wasserverdrängung, demnach unbeladen die geringste Eintauchung, dabei in jeder Beziehung die größte Festigkeit besitzt und unbeschadet der Völligkeit durch einen möglichst geringen Kraftaufwand mit angemessener Geschwindigkeit und Steuerfähigkeit fortbewegt werden kann. Hierbei ist wohl zu berücksichtigen, daß die Fahrrinne der Oder bei niedrigen Wasserständen nur eine Tiefe von 1,00 m besitzt, und daß die geringsten lichten Höhen der Brücken bei dem höchsten schiffbaren Wasserstande der in Betracht kommenden Wasserstraßen in der Mitte der Durchfahrts-Oeffnungen nicht mehr als 3,20 m in 3 m beiderseitigen Entfernung von der Mitte nicht mehr als 3 m betragen. Die bei der Canalisierung der oberen Oder von Breslau aufwärts bis Cosel zu erbauenden neuen Schleusen erhalte, gleich denjenigen des Oder-Spree-Canals, eine Thorweite von 8,6 m und eine nutzbare Kammerlänge von 55 m.

Die Wettbewerbung kann sich sowohl auf eiserne wie auf hölzerne Segelschiffe oder Lastschiffe ohne Segel erstrecken.

Zeichnungen, Beschreibungen, Berechnungen bezw. Modelle sind bis zum 1.Mai 1890 mittags 12 Uhr bei dem Königlichen Ober-Präsidium zu Breslau (Oderstrombauverwaltung) einzureichen. Verspätete Sendungen sind von der Bewerbung ausgeschlossen.

Die Zeichnungen sollen aus Grundrissen, Längen- und Querschnitten im Maßstabe von 1:50 bestehen. Derselbe Maßstab ist für Modelle anzuwenden.

Für die rechtzeitig eingegangenen Sendungen wird auf Wunsch eine Empfangsbescheinigung ertheilt. Eine etwaige Versicherung der Sendungen für die Zeit von der Einlieferung bis zum Rückempfange ist den Eigenthümern überlassen.

Das Preisgericht besteht aus je einem Beamten der Oderstrombauverwaltung und der Wasserbauverwaltungen zu Potsdam und Berlin, einem Lehrer der Schiffsbaukunde an der technischen Hochschule zu Berlin, zwei Schiffsbaumeistern und vier Schiffsreedern.

Für die nach dem Urtheile des Preisgerichts beste Lösung wird ein Preis von

2000 Mark

und für die nächstbeste Lösung ein Preis von

1000 Mark

ausgesetzt.

Das Preisgericht tritt am 1. Juli 1890 in Breslau zusammen, und werden die Namen der Mitglieder sowie der Versammlungsort mindestens 4 Wochen vorher in geeigneter Weise zur öffentlichen Kenntnis gebracht werden. Der Staatsregierung steht die letzte Entscheidung über die Bewilligung der Preise zu.

Gegen Zahlung der Preise erwirbt die Staatsregierung das Recht, über die Modelle sowie über die Entwürfe und deren Inhalt zu verfügen, auch dieselben mit der Wirkung zu veröffentlichen, daß jedermann befugt ist, ohne Erlaubnis der Verfertiger und Verfasser, Fahrzeuge danach herzustellen, in Verkehr zu bringen, feilzuhalten und zu gebrauchen.
Innerhalb vier Wochen nach erfolgter Entscheidung über die Bewilligung der Preise werden die nichtpreisgekrönten Modelle sowie die Entwürfe mit ihren Anlagen den Einsendern auf Wunsch und eigene Gefahr portofrei zurückgesandt.

Berlin, den 31. October 1889

Der Minister	*Der Minister für Handel*
der öffentlichen Arbeiten	*und Gewerbe.*
v. Maybach.	*In Vertretung*
	Magdeburg.

Das Ergebnis dieses Wettbewerbes war der sogenannte Breslauer Maßkahn mit einer Länge von 55,00 Meter und einer Breite von 8,00 Meter. Bei einem höchsten Tiefgang von 1,75 Meter konnte er 550 Tonnen laden. In den Maßkähnen wurden in langen Schleppzügen unter anderem Kohle aus Oberschlesien über die Oder nach Fürstenberg transportiert und von dort in kleineren Einheiten nach Berlin gebracht.
Das Eintauchverhältnis zum Wasserquerschnitt des bereits gebauten Kanals ergab sich bei 1,75 Meter größter Tauchtiefe für den Breslauer Maßkahn zu 1:2,6.

Modell Breslauer Maßkahn, Museum Fürstenwalde

Verbreiterung in den Jahren 1895–1897

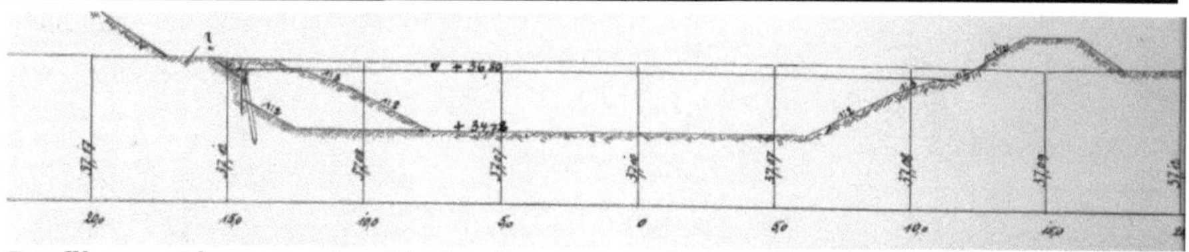

Profil zur Planung der Verbreiterung auf der Strecke Seddinsee–Große Tränke, 1895

Die Anzahl der Schiffe und Kähne, sowie die transportierten Tonnen auf der neuen Wasserstraße übertraf alle Erwartungen.
Nicht nur die Menge der beförderten Güter und die Zahl der geschleusten Kähne stiegen sehr rasch an, sondern vor allem auch die größeren Fahrzeuge (Berliner und Breslauer Maßkähne) und der Schleppverkehr nahmen außerordentlich zu. Bereits im Jahre 1894 hatte der Verkehr die dreifache Höhe des Verkehrs von 1890 erreicht, und die Zahl der Fahrzeuge über Finowmaß war in noch viel stärkerem Verhältnis gestiegen.
Infolgedessen musste die Preußische Regierung bereits in den Jahren 1895–1897 die vorbehaltene Verbreiterung des Kanals in Angriff nehmen, deren Maß jedoch nicht auf vier, sondern auf fünf Meter festgesetzt wurde. Um dieses Maß ohne Überschreitung des nur vier Meter breiten – bereits vorsorglich erworbenen – Verbreiterungsstreifens erreichen zu können, ordnete man an der Südseite des Kanals eine steile Uferbefestigung an, ließ aber die Wassertiefe von zwei Meter dabei unverändert. Man erreichte so eine Sohlbreite von 19 Meter, eine Wasserspiegelbreite von 25,60 Meter und einen wasserführenden Querschnitt von 44m².
Dieser ergab ein Eintauchverhältnis
    für Finowkähne von 1:6,4;
    für Berliner Maßkähne von 1:3,8;
    für Breslauer Maßkähne von 1:3,1.

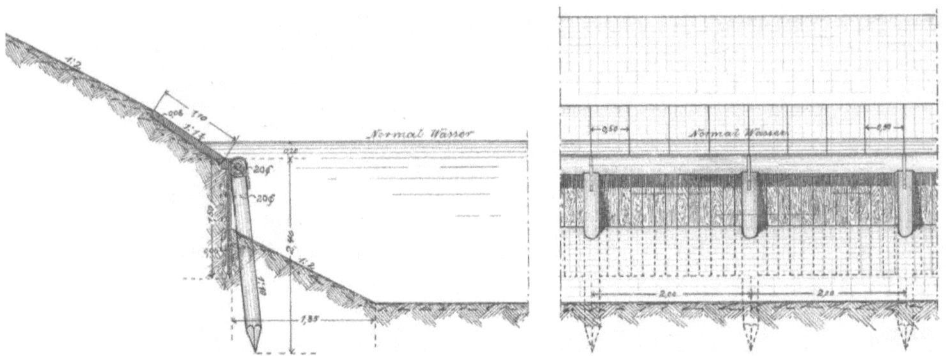

Ufersicherung oberhalb der Schleuse Kersdorf (Querprofil und Ansicht), 1891

An den Bauwerken wurden zu diesem Zeitpunkt keine Veränderungen vorgenommen.

Bau zweiter Schleusen und Erweiterungen in den Jahren 1903–1914

Bau der zweiten Oberschleuse Fürstenberg/Oder, 1910

Nach den Arbeiten zur Verbesserung der Bedingungen für die Schifffahrt entwickelte sich der Verkehr weiterhin immer günstiger.

1902 wurden zwei Millionen Tonnen in 21.000 Fahrzeugen, vier Jahre später schon drei Millionen Tonnen in 32.000 Fahrzeugen gezählt. Die Preußische Regierung entschloss sich daher zum Bau zweiter Schleusen, die in kurzem Abstand parallel zu den schon vorhandenen angeordnet werden sollten. 1903–1910 wurden sämtliche

Staustufen am Oder–Spree–Kanal mit zweiten Schleusen versehen.

Bau der zweiten Kammer der Schleuse Wernsdorf, 22.11.1902

Eröffnung der zweiten Oberschleuse Fürstenberg, 22.09.1906

Schleusen in Große Tränke, um 1906

Als 1906 ein jährlicher Verkehr von drei Millionen Tonnen erreicht worden war, ließ sich die gründliche Überholung der Wasserstraße, und zwar auch nach der Tiefe, nicht mehr vermeiden.

So wurde mit einem Kostenaufwand von 10,3 Millionen Mark in den Jahren 1907–1914 eine Verbreiterung und Vertiefung des Kanals vorgenommen, die eine Wasserspiegelbreite von 28 Meter bei beidseitig steilen Ufersicherungen und eine Wassertiefe von drei Meter in der Mitte zum Ziel hatte.

In der Haltung Wernsdorf bis Große Tränke wurde diese Tiefe sogar auf 3,20 Meter erhöht, weil auf dieser Strecke nach einem Gesetz vom 4. August 1904 die Müggelspree bei Hochwasser zu entlasten war und 20m³ Spreehochwasser abgeführt werden sollte. Aus diesem Grund wurden auch zwischen den beiden Schleusenkammern in Wernsdorf und Große Tränke besondere Freiarchen eingebaut.

Der wasserführende Querschnitt des Kanals erhielt durch diese Arbeiten eine Größe von 67m² und gewährleistete so

nunmehr ein Eintauchverhältnis
 für Finowmaßkähne von 1:9,7;
 für Berliner Maßkähne von 1:5,8;
 für Breslauer Maßkähne von 1:4,7.

Spüler bei Verbreiterungsarbeiten, 1912

Gleichzeitig wurde die Fürstenwalder Spree in großem Umfange begradigt und ihr Querschnitt bei 16 Meter Sohlenbreite auf die gleichmäßige Tiefe von 2,50 Meter bei Böschungsneigungen von 1:4 gebracht.

In der Scheitelhaltung führten dreizehn Brücken über den Kanal, die bei der ersten Herstellung des Oder–Spree–Kanal als Brücken mit je zwei Öffnungen von je zehn Meter lichter Weite hergestellt worden waren. Die Mittelpfeiler, die sich als schwere Verkehrshindernisse erwiesen hatten, wurden endgültig beseitigt und die Brücken als neue Bauwerke mit vierzig Meter Weite in einer Öffnung in der Nähe der bisherigen so über den Kanal gespannt, das sie bei Normalwasser eine lichte Höhe von vier Meter freiließen. Von den dreizehn Brücken wurden zwei in Eisenbeton, die übrigen mit gusseisernen Überbauten ausgeführt.

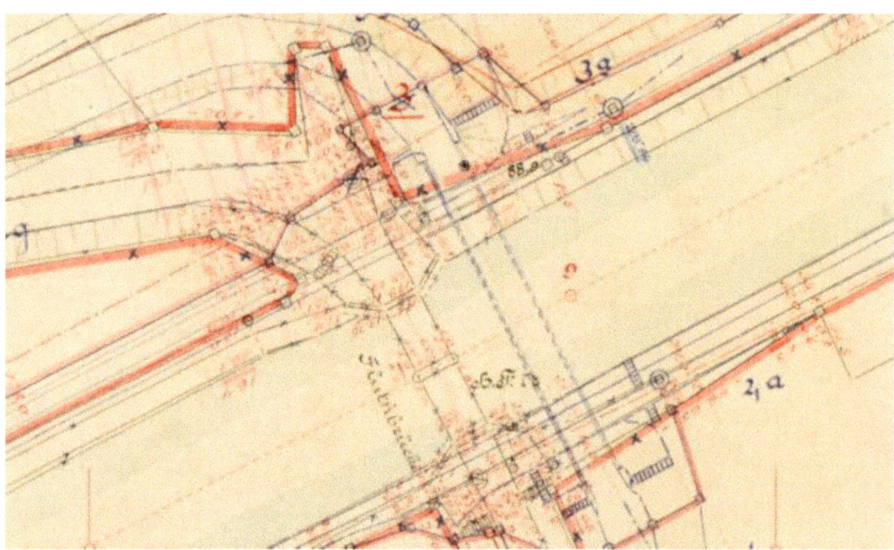

Karte mit alter und –geplanter- neuer Flutbrücke, 1910

Bau der neuen Flutbrücke, 1911

Außer den Brücken waren fünf einfache und ein Doppel-
düker, die die durch den Kanalbau durchschnittenen
Wasserläufe unter dem Kanal durchführten, tiefer zu legen
und zu verlängern. Diese Arbeiten waren trotz ihres
geringen Umfangs wegen der Aufrechterhaltung der Schifffahrt und der Vorflut zum Teil mit großen Schwierigkeiten
und hohen Kosten verbunden.

Da sich die Dichtigkeit der Dämme erwiesen hatte, wurden
die drei selbsttätigen Sicherheitstore an der Sandfurthbrücke, bei Schlaubehammer und oberhalb der Schleuse
Wernsdorf, die mit je zwei Öffnungen von nur 8,60 Meter
den Verkehr ebenfalls sehr stark behinderten, beseitigt.
Lediglich an der Stelle des alten Sicherheitstors bei
Fürstenberg wurde ein Nadelwehr von 60,70 Meter lichter
Weite auf einer Betonsohle zwischen Spundwänden
eingebaut, um die Schleusentreppe zu Ausbesserungs-
arbeiten trockenlegen zu können.

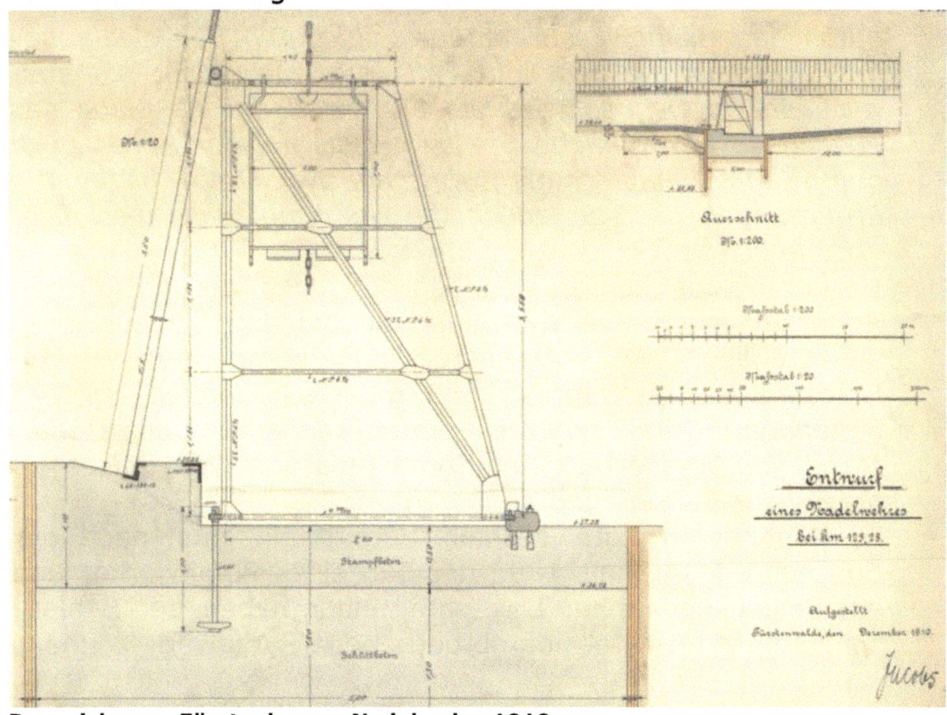

Bauzeichnung Fürstenberger Nadelwehr, 1910

Wasserversorgung der Scheitelhaltung

Pumpwerk Neuhaus, Aufnahme vom 18. März 1902

Die Planer des Kanals waren der Ansicht, die Scheitelhaltung des Oder–Spree–Kanals müsse nicht zusätzlich mit Wasser versorgt werden.
Schon 1888 erklärte der in Fürstenwalde tätige Königliche Baurat Mohr: *„…dass die Strecke Große Tränke-Seddinsee unmittelbar aus der Spree gespeist wird, während die Scheitelhaltung vom Kersdorfer See bis Fürstenberg einesteils durch das Grundwasser, andernteils durch den Schlaubefluss gespeist werden soll. Falls dies sich nicht als ausreichend erweist, so wird ein Pumpwerk bei Neuhaus das etwa noch erforderliche Speisewasser aus der Spree nach dem Kanal hinaufschaffen müssen. Nach den bisherigen Ermittlungen besteht jedoch die Hoffnung, dass dies nicht erforderlich sein wird…“.*
In der Praxis zeigte sich jedoch, dass die natürlichen Zuflüsse nicht ausreichten, um die bei den Schleusungen auftretenden Wasserverluste zu kompensieren. Im Frühsommer des Jahres 1889 musste *„…infolge der anhaltenden Dürre mittels vorübergehend aufgestellter Maschinen Wasser aus der Spree* [aus dem Wergensee] *in die Scheitelhaltung gepumpt werden…“.*
In Neuhaus erfolgte deshalb bereits ein Jahr nach der Eröffnung des Kanals 1892 der Bau eines Pumpwerkes und ein Schleusenneubau. Das unmittelbar neben der Schleusenkammer errichtete dampfbetriebene Pumpwerk Neuhaus

hatte eine Pumpleistung von 2,7 Kubikmeter pro Sekunde (m³/s). Das Wasser wurde dem aus der oberen Spree gespeisten Wergensee entnommen, dessen Wasserspiegel etwa ein Meter unter dem der Scheitelhaltung liegt. Das 2,73 Kilometer lange Teilstück des ehemaligen Friedrich–Wilhelm–Kanals zwischen Neuhaus und der einstigen Buschschleuse wurde nun der Neuhauser Speisekanal, über den bei Bedarf der Scheitelhaltung Wasser aus dem Wergensee bzw. der Spree zugeführt werden konnte. Die „Eintheilung und Bezeichnung der Märkischen Wasserstraßen", 1901 zusammengestellt bei der Königlichen Regierung in Potsdam, führt bei Km 2,72 des Speisekanals in Neuhaus eine Straßenbrücke, eine Hebestelle und ein Pumpwerk auf.

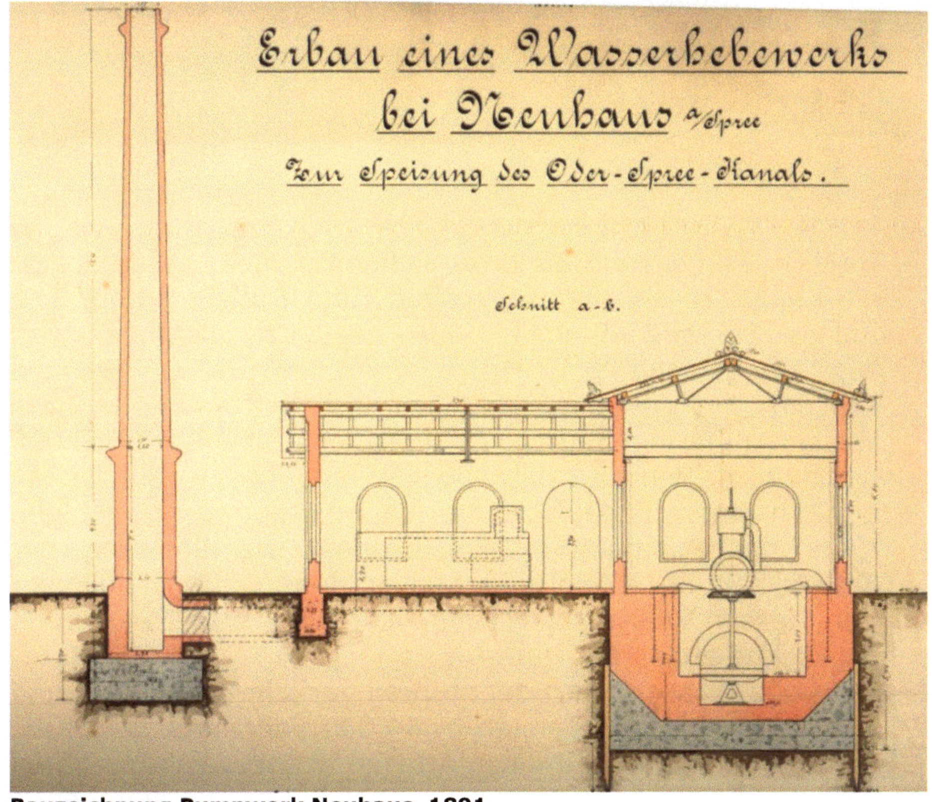

Bauzeichnung Pumpwerk Neuhaus, 1891

Innenansicht Pumpwerk Neuhaus, um 1903

Da sich die Leistung als unzureichend erwies, wurde später die Kapazität des Pumpwerks auf rund 6 m³/s erhöht. Die Anlage bestand nunmehr aus zwei Kreiselpumpen von zusammen rund 6,10 m³/s und den dazugehörenden Kesseln und Dampfmaschinen. 1912 betrug die mittlere Wasserzuführung 3,40 m³/s. Eine Maschine war ununterbrochen in Betrieb, während die andere für die Zeiten größten Wasserbedarfs zur Verfügung stand. An Sonntagen ruhte der Pumpbetrieb in Neuhaus. Die Speisung der Scheitelhaltung erfolgte dann aus dem Großen Müllroser See, dessen Wasserspiegel mit Hilfe eines Wehres während der Woche angestaut wurde.

Der hohe Wasserbedarf der starken Verkehrsjahre 1912 und 1913 (4,5 Millionen Tonnen in 44.000 Fahrzeugen) ließ die Frage aufkommen, ob diese Art der Wasserversorgung, bei der rund drei Fünftel des der Spree entnommenen

Speisewassers bei Fürstenberg in das Stromgebiet der Oder abfließen, sich auf die Dauer würde durchführen lassen. Da in trockenen Sommern die Wasserführung der Spree häufig auf weniger als 5 Kubikmeter pro Sekunde zurückging und die Wasserversorgung von Berlin sich mehr und mehr auf den Zufluss der Spree einstellte, musste eine weitere Möglichkeit zur Speisung des Kanals gefunden werden.

Aus diesen Erwägungen heraus, und um bei etwaigen Störungen des Betriebes in Neuhaus eine gewisse Sicherheit zu haben, wurde in den Jahren 1916–1917 in Fürstenberg ein zweites Pumpwerk angelegt. Mit dessen Hilfe war es möglich, bis zu 3,5 m³/s aus dem Unterwasser der Unterschleuse in die Scheitelhaltung zurückzuführen.

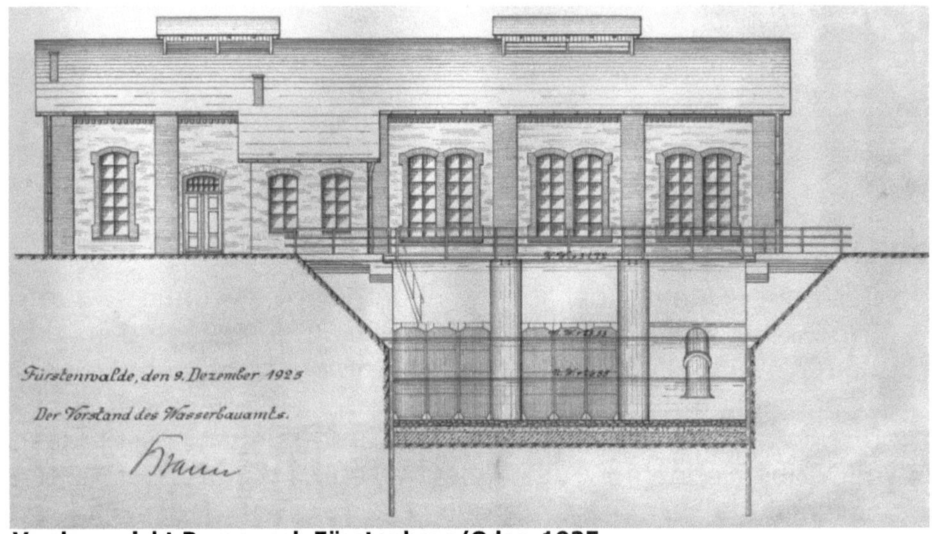

Vorderansicht Pumpwerk Fürstenberg/Oder, 1925

Dieses Pumpwerk war mit zwei elektrisch betriebenen Kreiselpumpen von je 1,75m³/s Leistungsfähigkeit ausgerüstet. Eine dritte Pumpe zur Kapazitätserhöhung wurde bereits mitgeplant und ein Platz für den späteren Einbau vorgesehen. Das Wasser wurde durch eiserne Druckrohrleitungen in den 2,5 Kilometer langen Speisekanal gedrückt, der es oberhalb der Oberschleusen dem Kanal wieder zuführte. Die Erweiterung um die dritte Pumpe erfolgte dann nach dem Bau der Zwillingsschachtschleuse ab 1928. Gleichzeitig wurde die Mündung des Speisekanals in den neu gebauten oberen Vorhafen der Schachtschleuse verlegt.

Bau des neuen Speisekanals, Aufnahme März 1928

Das mit Dampf betriebene Pumpwerk Neuhaus wurde 1954/1955 auf elektrischen Betrieb umgestellt und in den Jahren 1958/1959 mit einer automatischen Steuerungs-anlage ausgerüstet.

Die Kapazität des Pumpwerkes Fürstenberg musste nach der Inbetriebnahme des Eisenhüttenkombinats Ost (EKO) noch einmal erweitert werden. Da der Bedarf des EKO an Betriebswasser zu jeder Zeit aus dem Kanal gedeckt werden und auch die Schifffahrt keine Beschränkung erfahren sollte, entschloss man sich 1961, das Pumpwerk zu erweitern. Ein weiteres Pumpwerksgebäude mit zwei Pumpen wurde errichtet. Nach Beendigung der Baumaßnahmen 1966 war es so ausgelegt, dass selbst bei Ausfall einer Pumpe der Spitzenbedarf an Wasser gedeckt werden konnte.

Ab 1996 wurde das Pumpwerk Eisenhüttenstadt einer grundhaften Sanierung unterzogen. Neben dem Einbau von neuen Pumpen und dem Neubau der Einläufe wurden die Hochbauten saniert und eine vollautomatische Reinigungsanlage für die Rechen an den Einläufen errichtet. Die Bauabnahme fiel 1997leider genau in den Zeitraum des Jahrhunderthochwassers der Oder. Das Pumpwerk musste durch 1,20 Meter hohe Sandsackwälle geschützt werden.

Pumpwerk Eisenhüttenstadt während des Oderhochwassers 1997
Foto: Autor

Um ein Aufschwimmen des als geschlossene Wanne konzipierten älteren Gebäudes zu verhindern, wurde es nach Sicherungsarbeiten an der Technik geflutet. Nachdem das Hochwasser abgelaufen war, wurde das Wasser aus dem Gebäude wieder herausgepumpt. Es konnte nach Anschluss der Technik festgestellt werden, dass alles wieder ordnungsgemäß lief und keine Schäden verursacht wurden.

Ausbau für den Verkehr mit großen Fahrzeugen nach dem Gesetz von 1920

Wartende Schiffe in Fürstenberg/Oder, um 1928

Die Mündung des Oder–Spree–Kanals in die Oder bei Fürstenberg war vor dem Ersten Weltkrieg einer der wichtigsten Schifffahrtspunkte Ostdeutschlands.

Der Verkehr erreichte hier schon bis zu 4,5 Millionen Gütertonnen jährlich. Die Vollendung des Ems-Weser-Kanals im Jahre 1914 und die im Anschluss an diesen nach dem Krieg zunächst zur Unterbringung und Beschäftigung der aus dem Felde zurückkehrenden Soldaten gedachte Weiterführung des Mittellandkanals ließen die Preußische Staatsregierung daher zur Erkenntnis kommen, das auch der Oder–Spree–Kanal größeren als 500-Tonnen-Schiffen erschlossen werden musste.

Diese Überlegungen machten auch insofern Sinn, da die Oder infolge von vier im oberen Stromgebiet geplanten Speicherbecken, insbesondere desjenigen von Ottmachau (heute Otmuchow), wesentlich leistungsfähiger für die Schifffahrt ausgestaltet werden sollte. Dieses Speicherbecken an der Glatzer Neiße wurde nach fünfjähriger Bauzeit 1933 fertiggestellt, hatte einen nutzbaren Speicherraum von 95 Millionen Kubikmeter und sollte in Niedrigwasserzeiten der Oder durch Ablassen für genügend Wasser sorgen.

Schon seit 1914 war nach Vollendung des Ausbaues der oberen Oder von Cosel (heute Kozle) bis Breslau (heute Wroclaw) mit Schleppzugschleusen die Möglichkeit gegeben, bis zum oberen Ende der Wasserstraße mit 600-Tonnen-Schiffen zu fahren. Die Preußische Staatsregierung stellte daher durch Gesetz vom 4. Dezember 1920 Mittel in Höhe von 18 Millionen Mark für eine weitere Verbesserung des Oder–Spree–Kanals zur Verfügung. Beim Übergang der Wasserstraßen auf das Reich am 1. April 1921 übernahm dann die Reichswasserstraßenverwaltung die Weiterführung dieser Arbeiten. Weil die inzwischen eingetretenen Schäden an den Bauwerken des alten Abstieges die Gefahr einer längeren Sperrung zur Ausführung umfangreicher Instandsetzungen immer größer werden ließen, wurde der Bau eines neuen Abstieges bei Fürstenberg als Umgehungsstrecke geplant.

Übersichtsplan Schleusen Fürstenberg/Oder, 1928

Der neue Abstieg bei Fürstenberg ab 1925

Variantenuntersuchungen für den Bau eines Abstiegs-bauwerkes

Modell der Zwillingsschachtschleuse (seit 1945 verschollen), 1930

Die Überwindung des Unterschiedes von Kanalwasserstand zur Oder von bis zu 14 Metern sollte zukünftig nur durch ein Bauwerk geschehen.

Es wurden mehrere Entwürfe für dieses Abstiegsbauwerk eingereicht, unter anderem von zwei Hebewerken mit unterschiedlicher Funktionsweise und einer Tauchschleuse. Nach Prüfung aller Möglichkeiten haben sich die Verantwortlichen für eine Zwillingsschachtschleuse entschieden. Die Burkhardtsche Tauchschleuse wurde verworfen, ebenso der Bau eines Hebewerkes. Die vergleichenden Berechnungen ergaben, das bei dem vorhandenen Gefälle von 14 Metern ein Hebewerk (ohne Wasserverbrauch) sich wirtschaftlich umso weniger vertreten ließ, als während eines großen Teiles des Jahres, wo die Spree an Wasserüberfluss leidet, der Bedarf auch für Fürstenberg in Neuhaus aus der Spree bei nur 1,10 Meter Druckhöhe gedeckt werden kann. Nur während trockener Zeiten, wo oftmals auch weniger Schifffahrt die Oder befuhr und der Abstieg in Fürstenberg nicht dauernd in Betrieb war, musste die Versorgung durch das Pumpwerk Fürstenberg bei 14 Metern Druckhöhe sichergestellt werden. Dazu kam noch der Umstand, dass das Unterwasser in Fürstenberg Unterschiede von bis zu 5,20

Meter aufwies. Die Notwendigkeit, die unteren Anschlüsse eines Hebe-werkes für alle im Rahmen dieses Spielraumes liegenden Wasserstände passend einzurichten, hätte weitere Schwierigkeiten und Kosten verursacht, die bei Anordnung einer Schleusenanlage vermieden werden konnten.

Entwurf: Schiffshebewerk ohne Antrieb

Entwurf: Schiffshebewerk

Entwurf: Tauchschleuse nach dem Prinzip von Dr. Ing. E. Burkhardt

Einfahrt:
Der Tauchkörper ist im Unterwasser
Ableitung   d: wird geöffnet
Schütze   a: wird gezogen
Tor   b: wird geöffnet
Das Schiff fährt ein.

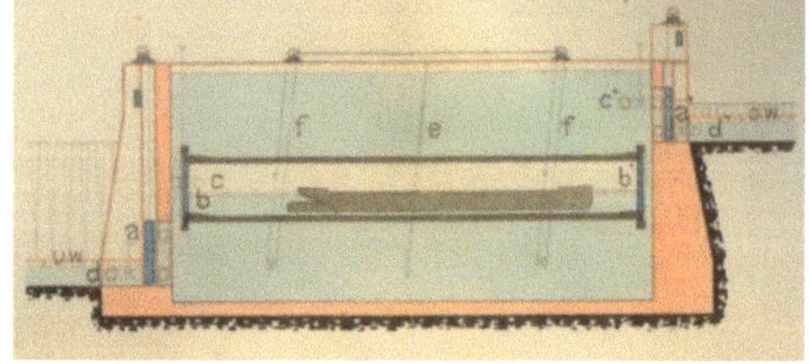

Auffahrt:
Das Schiff ist eingefahren
Tor   b: wird geschlossen
Schütze   a: wird geschlossen
Ableitung   d: wird geschlossen
Zuleitung   c: wird geöffnet
Der Tauchkörper wird gehoben.

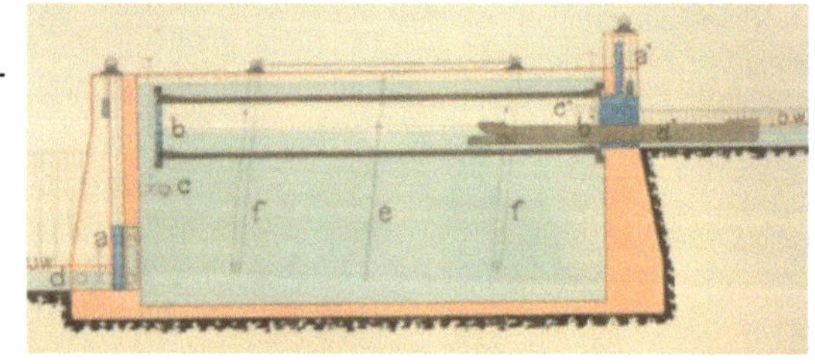

Ausfahrt:
Der Tauchkörper ist im Oberwasser
Ableitung   d`:   wird geöffnet
Schütze   a`:   wird gezogen
Tor   b`:   wird geöffnet
Das Schiff fährt aus.

Die 1921 mit DRP.Nr 339289 (Patent DE340624C) geschützte Tauchschleuse wurde den Behörden auch bei der Suche nach einem geeigneten Bauwerk für den Hohenzollernkanal in Niederfinow angeboten. Dort hat man sich aufgrund der gleichmäßigen Wasserstände in Unter- und Oberwasser für den Bau eines Hebewerkes entschieden. Eine Tauchschleuse dieser Art wurde nach Kenntnis des Autors nie gebaut.

Die Anlage einer Speicheranlage in Fürstenberg nach dem Vorbild von Minden in Westfalen wurde zugunsten der gewählten Anordnung einer Doppelschleuse mit Zwillingsbetrieb fallen gelassen. Die Anlagekosten der Doppelschleuse waren nicht wesentlich größer als die der einfachen Speicherschleuse, ihre Leistungsfähigkeit betrug aber mindestens das Doppelte. Hierzu kam, dass eine Wasserersparnis von fünfzig Prozent erzielt werden konnte, also nicht viel weniger, als mit einer Speicherschleuse möglich ist. Auf besondere Sparbecken, welche eine größere Wasserersparnis ermöglicht hätten, wurden einerseits mit Rücksicht auf die nicht sehr günstigen Gründungsverhältnisse verzichtet, andererseits hätten sich die Baukosten dadurch so erhöht, das wirtschaftliche Vorteile nicht erreicht worden wären.

Die Ausbildung des Abstiegsbauwerkes als Doppelschleuse mit Zwillingsbetrieb ermöglichte die reibungslose Abwicklung eines sehr starken Verkehrs. Die für eine Doppelschleusung, das heißt eine Kammer zu Berg, die andere gleichzeitig zu Tal, erforderliche Zeit vom Beginn des Einfahrens bis zur Beendigung des Ausfahrens wurde auf 25–30 Minuten errechnet. Die größte Tagesleistung bei sechzehnstündigem Betrieb ergab sich zu mehr als 30.000 Gütertonnen.

Zum Bau, der technischen Ausrüstung und der Funktionsweise der Zwillingsschachtschleuse folgt mehr in den nächsten Abschnitten.

Kurzbeschreibung Abstiegskanal

Kartenauszug aus der Beschreibung der neuen Mündungsstrecke, 1928

Der bisherige Schleusenabstieg zur Oder wurde in den Jahren 1925–1929 durch einen kürzeren, nur rund drei Kilometer langen Umgehungskanal ergänzt.
Für die Anordnung des neuen Abstieges ergab sich aus den Gelände- und Bebauungsverhältnissen die Lage im inneren Teil des nach Norden offenen Bogens des alten Abstieges fast von selbst. Er zweigt bei Km 125,3 – also rund 500 Meter vor der Oberschleuse – aus dem Oder–Spree-Kanal mittels eines flachen Bogens ab. Nach 1,2 Kilometer Länge erweitert er sich zum oberen Vorhafen, der unmittelbar vor den Leitwerken am Abstiegsbauwerk eine Wasserspiegelbreite von 90 Meter hat und schließt sich dann mit Hilfe von in etwa 1:8 gegen die Schleusenachse geneigten Leitwerken trichterförmig an das Bauwerk an.
Der obere Vorhafen wurde in neuartiger Weise mit Pfeilern ausgerüstet, die ein gutes Festlegen der Schiffe und das Nachrücken im Rang gestatteten. In ähnlicher Weise wie der obere erweitert sich der untere Vorhafen zu einem geräumigen Becken, das Anschluss an den bestehenden Kanal erhielt und bei größerem Schiffsandrang eine hohe Anzahl von Fahrzeugen aufnehmen konnte. Im neuen Umgehungskanal bei Km 126,0 lag eine Hafenanlage der Stadt Fürstenberg, die besonders dem Umschlagverkehr dienen sollte.
Die vorhandenen Wege, die die Stadt Fürstenberg mit der alten Ober- und Unterschleuse, sowie den südlich davon liegenden Ortschaften verbanden, wurden über den

Oberkanal mit einer Landwegbrücke (Diehloer Brücke) mit 56 Meter Stützweite (54,4 Meter lichte Weite) geführt. Über das Unterhaupt der Schachtschleuse wurde eine Chausseebrücke für die Verbindung Frankfurt–Guben geführt, während kurz unterhalb der Schleuse eine Eisenbahnbrücke von 80 Meter Spannweite als selbständiges Bauwerk für die zweigleisige Berlin–Breslauer Eisenbahn erbaut wurde.

Blick auf Schachtschleuse und Eisenbahnbrücke, 1930

Der Grundwasserspiegel liegt auf dem ganzen, von dem neuen Abstieg und dem Oberkanal durchschnittenen, Gelände unter dem Kanalwasserspiegel der oberen Haltung. Daraus ergab sich die Notwendigkeit einer künstlichen Dichtung für den kompletten Oberkanal und den oberen Vorhafen. Außerdem wurde es notwendig, eine Absperrvorrichtung für den ganzen Abstieg zu planen, falls Undichtigkeiten in den Dämmen auftreten, größere Instandsetzungen oder Ergänzungsarbeiten an der Schleuse und am oberen Vorhafen erforderlich werden sollten. Diese Absperrung wurde mit Hilfe eines Nadelwehres geschaffen, das mit 44 Meter lichter Weite unmittelbar vor der Diehloer

Brücke stand. Dieses Nadelwehr wurde in den ganzen Jahren nur wenige Male benötigt. Die Dichtigkeit der Dämme hatte sich bewiesen. 1969 wurde es ein letztes Mal aufgestellt und in den 70er Jahren aus der Wasserstraße entfernt. Heute sieht man an der 2000/2001 neugebauten Diehloer Fußgängerbrücke nur noch die seitlichen Bauwerke aus Beton.

Um der im oberen Vorhafen liegenden Schifffahrt Schutz vor den hier vorherrschenden westlichen und südwestlichen Winden zu geben, wurden längs des ganzen Süd- und Westufers von der Schleuse bis an die Abzweigung aus dem alten Oder–Spree–Kanal fünf Meter hohe Windschutzdämme mit dem Bodenaushub des neuen Abstiegs aufgeschüttet. Auf ihren Böschungen und Oberflächen wurden schnell wachsende Bäume (Kiefern, Birken, Robinien) angepflanzt, um möglichst schnell den Windschutz zu erreichen. Heute sind diese Dämme nur noch von der Schleuse bis zur Diehloer Brücke vorhanden, da ein Teil beim Bau von Eisenhüttenstadt abgetragen wurde.

Zwillingsschachtschleuse Fürstenberg/Oder

Baustelle der Zwillingsschachtschleuse Fürstenberg/Oder, 1928

Als wichtigstes und bedeutendstes Bauwerk des Projektes zählte zweifelslos die Zwillingsschachtschleuse, die damals als größte ihrer Art in Europa galt. Sie besteht aus zwei nebeneinander liegenden Schleusen mit einem Achsabstand von 34 Metern. Das Schleusenbauwerk wurde aus Beton hergestellt, der je nach den

Beanspruchungen der verschiedenen Querschnitte Eiseneinlagen erhielt. Die Schleusensohle ist als eine fünf Meter starke biegungsfeste Eisenbetonplatte ausgeführt, die beiderseits armierten Seitenwände erhielten innen einen schwachen Anlauf und sind am Mauerfuß vorgezogen, um den Querschnitt an dieser besonders beanspruchten Stelle zu verstärken.

Die Hubhöhe ist abhängig vom Oderwasserstand, sie beträgt bei niedrigstem Wasserstand 14,28 Meter, bei Mittelwasser 12,37 Meter und bei höchstem Hochwasser 9,07 Meter. Die Wassertiefe der Schleuse beträgt über dem Oberdrempel 3,50 Meter, über dem Unterdrempel bei niedrigstem Unterwasser 3,44 Meter.

Für die Kammerbreite lag das Maß von 12 Meter von vornherein dadurch fest, da die Schleuse auf alle Fälle für das 1.000-Tonnen-Schiff aufnahmefähig sein musste. Die zuerst geplante Länge von 85 Metern war ursprünglich aus der Länge dieses Schiffes (80 Meter) abgeleitet worden. Um die Schleuse auch schon bei den vorhandenen vielen Schiffstypen so leistungsfähig wie möglich zu machen, musste dieses Maß überschritten werden. Unter Berücksichtigung der wahrscheinlichen Weiterentwicklung des Oderverkehrs, der mehr und mehr vom 500-Tonnen-Schiff (Breslauer Maßkahn von 55 Meter Länge) zum 600-Tonnen-Schiff (Plauer Maßkahn von 65 Meter Länge) überging, wurde die Kammerlänge auf 130 Meter festgelegt. Es konnten daher zum Beispiel ein 1.000-Tonnen-Schiff oder zwei Plauer Maßkähne oder sechs Finowkähne gleichzeitig in einer Kammer geschleust werden. Die Berechnungen ergaben, dass bei der Länge von 130 Metern die Schleuse unter größter Leistungsfähigkeit im Dauerbetrieb voraussichtlich die geringsten Mengen an Schleusungswasser verbrauchen würde.

Die Erbauung der Zwillingsschachtschleuse erforderte umfangreiche Vorarbeiten und Vorbereitungen. Gegründet wurde das Bauwerk auf einer rund zwanzig Meter unter der

Erdoberfläche liegenden und etwa fünf bis sieben Meter starken, festgelagerten Tonschicht. Erst diese Schicht wurde als ausreichend tragfähiger Untergrund angesehen. Zur Erreichung der Tonschicht wurde zunächst eine rund 20 Meter tiefe Baugrube ausgehoben, wobei etwa 550.000m³ Boden gefördert wurden. Dabei musste die Tonschicht noch durchschnittlich einen Meter angeschnitten werden. Bei der Untersuchung des Untergrundes wurden zwei – durch die Tonschicht voneinander getrennte – Grundwasserstockwerke festgestellt. Um den Bodenaushub bis zur Gründungstiefe im trockenen zu ermöglichen, musste das obere Grundwasser fortschreitend mit dem Erdaushub vollständig bis zur Tonschicht, das heißt um rund 15 Meter abgesenkt werden. Gleichzeitig musste, um in der Baugrube ein Durchbrechen des unteren Grundwassers durch die auf einer großen Fläche freigelegten Tonschicht zu verhindern, der Druck vermindert werden. Durch diese ungünstigen örtlichen Verhältnisse betrugen die Kosten für die Senkungsanlage für die Einsatzzeit von Juli 1924 bis zum 1. November 1927 insgesamt 892.000 Reichsmark.

Baugrube mit Grundwasserabsenkung im November 1924

Vor Beendigung der Erdarbeiten wurde bereits mit der Einrichtung der Baustelle für die Ausführung der Betonarbeiten begonnen. Die Reichswasserstraßenverwaltung beschaffte die zum Ausladen, Transportieren und Verarbeiten der Baustoffe erforderlichen Maschinen und Geräte und stellte sie dem Unternehmer zur Verfügung. Dieser führte die Arbeiten nach Anweisung der Verwaltung aus und stellte das gesamte Bauwerk aus Gussbeton her. Der breiige Beton wurde mit möglichst wenig Wasser angemacht und in Kippwagen von der Mischanlage zur Baustelle befördert. Hier wurde er unverzüglich von beiderseits der Baustelle angeordneten und 20 Meter hohen Gerüsten aus durch Rinnen in die einzelnen Baublöcke gegossen. Sowohl die Erdarbeiten wie auch die Betonarbeiten waren der Firma Habermann & Guckes-Liebold AG übergeben worden.

Betonieren der Kammerblöcke im August 1926

Oberhaupt im November 1926

Südkammer, Bauzustand Juni 1928

Zur – heute immer noch angewandten – Funktionsweise der Schachtschleuse: im Allgemeinen steht immer eine Kammer auf Oberwasser, die andere auf Unterwasser. Nach Einfahren der Schiffe wird gleichzeitig mit der einen Schleuse herauf, mit der anderen herunter geschleust. Beim Schleusen wird zuerst der Wasserspiegel in beiden Kammern durch unterirdische Verbindungskanäle ausgeglichen, dann wird die eine Kammer nach dem Unterwasser entleert, die andere vom Oberwasser gefüllt. Es werden dabei 50 Prozent des Schleusungswassers von zwei einfachen Kammerschleusen gespart.

Als Schleusentore wurden am Unterhaupt Hubtore mit den dafür erforderlichen Aufbauten, am Oberhaupt Klapptore verbaut. Die Schleusentore, sowie die Umlaufverschlüsse wurden von der Firma Friedrich Krupp Grusonwerk AG, Magdeburg-Buckau, geliefert.

Während die maschinellen Anlagen und die Zentralsteueranlage am Unterhaupt in den Aufbauten Platz fanden, sind die für die Maschinen erforderlichen Räume am Oberhaupt versenkt angeordnet, so dass die Übersicht hier durch keinerlei Aufbauten behindert wird.

Das Füllen der Kammern vom Oberwasser erfolgt durch Glocken-Zylinderschütze mit Mittelführung, die beiderseits der Tore angeordnet sind. Das Wasser tritt vom Drempel aus in die Schleusen ein. Zur Entleerung der Schleusenkammern dienen Kanäle, die am Unterhaupt in der Mittelmauer liegen und zur Kammer hin durch Rollkeilschütze mit Dichtung verschlossen werden. Nachdem das Wasser durch besondere Energiebrecher verteilt worden ist, strömt es von der Mitte der ganzen Anlage in den Unterhafen ein. Sowohl über den Füllungs- wie auch den Entleerungsvorgang sind in der Versuchsanstalt für Wasserbau und Schiffbau in Charlottenburg zahlreiche Versuche angestellt worden. Das Ergebnis dieser Untersuchungen ergab ein ruhiges Einströmen des Wassers in die Schleusenkammer und Ausströmen in den unteren Vorhafen und damit einen erleichterten Betrieb für die Schifffahrt.

Im Oberhaupt liegen auch die Kanäle zur Herstellung der Verbindung von Schleusenkammer zu Schleusenkammer, welche gemeinsam mit den vom Oberwasser kommenden Kanälen in den Drempelhohlräumen münden.

Die Verschlüsse für die Verbindungskanäle zwischen den beiden Kammerseiten liegen in einem besonderen kellerartigen Raum in der Mittelmauer zwischen den Oberhäuptern. Von den vier Verbindungskanälen für den Zwillingsbetrieb wurden zwei durch liegende Ringkolbenschieber von der Firma Adelt aus Eberswalde und einer durch einen Walzenschieber von der Firma Freund-Starke-Hoffmann AG aus Berlin-Charlottenburg verschlossen. Der vierte Kanal wurde vorerst durch Blindflansche abgeschlossen. Die Beschaffung des vierten Verschlusses wurde erst vorläufig hinausgeschoben und dann ganz fallengelassen. 2013 wurden die nun fast neunzig Jahre alten Schiebern aufgrund von gravierenden Schäden ersetzt. Verbaut wurden zwei Ringkolbenschieber und ein Walzenschieber. Zwei der alten Schieber stehen auf einer Freifläche auf dem Schleusengelände und zeigen eindrucksvoll deren Dimensionen.

Das ganze Schleusenbauwerk ist durch sorgfältig gedichtete Trennungsfugen in fünf Hauptteile eingeteilt, nämlich das auf gemeinsamer durchgehender Sohle stehende doppelte Oberhaupt, die getrennt gegründeten beiden Kammern und die beiden Unterhäupter. Die Kammersohle zwischen den beiden Trennungsfugen an den Häuptern wurde

Aufbringen der Feuchtigkeitssperre, 1928

durch Vernähen der Arbeitsfugen mittels durchgehender Rundeisen als einheitliche Platte hergestellt. In den aufgehenden Kammermauern wurden in etwa 35 Meter Abstand gedichtete Trennungsfugen eingebaut. Zwischen diesen liegen noch je zwei Dehnungsfugen, die aber nicht durch die Mauern hindurchreichen, sondern nur an der freien Mauerseite einen Meter tief ausgebildet sind.

Den Bedürfnissen der Schifffahrtstreibenden wurde bei der Planung der Schleusenausrüstung weitestgehend entsprochen. Leitern, Poller und Haltekreuze wurden zahlreich verbaut. Besondere Erwähnung verdient der Einsatz von Schwimmpollern in den Kammern, das heißt Festmachevorrichtungen, die sich in den Kammerwänden mit dem Schiff herauf- und herunterbewegen. Solche Schwimmpoller wurden an der Zwillingsschachtschleuse das erste Mal ausgeführt und wurden nach ihrer Bewährung vielfach in weiteren Schleusen eingebaut.

Ein Novum war auch die Anordnung einer Brüstungsmauer neben den Schleusenkammern, die mit Rücksicht auf das große Gefälle zur Sicherung des Schleusenpersonals vorgesehen wurde.

Neu war auch, das alle horizontalen und vertikalen Ecken und Kanten, sowie die Scheuerleisten bei diesem Bauwerk zum ersten Male durch Eisen, bestehend aus hochwertigen Grauguss von der Firma Ardelt, Eberswalde, geschützt wurden. Gegen die bisher übliche Ausführung in Stahlguss wurden so ganz erhebliche Ersparnisse erzielt.

Oberhalb und unterhalb der Schleusen sind auf den Landseiten rund 80 Meter lange Leitwerke, bestehend aus gut verankerten eisernen Spundwänden, gerammt worden.

Für das Hereinziehen und Herausschleppen der Kähne wurde eine neuartige Seilzugvorrichtung ausgeführt, die in der Herstellung und im Betrieb billiger war als Schleppwagen. Die Masten dieser Treidelanlage wurden bei der Sanierung im Jahre 1994 komplett entfernt.

Hereinziehen eines Schleppkahnes mit der Treidelanlage im Unterwasser der Zwillingsschachtschleuse, um 1930

Auch architektonisch haben die Planer des Bauwerks Maßstäbe gesetzt. Beim Blick aus den Fenstern des historischen Steuerstandes in Richtung Westen kann man sich wie der Kapitän eines riesigen Schiffes fühlen.

Blick aus dem alten Steuerstand, 2014
Foto: Autor

Die Mündung des Kanals in die Oder

Wartende Schiffe an der neu hergestellten Mündung, 1930

Außer dem neuen Abstieg wurde in Fürstenberg/Oder die Mündung in die Oder einer durchgreifenden Umbildung unterzogen.

Die Kanalmündung war seit dem Bestehen des Kanals stets ein Sorgenkind der Verwaltung gewesen. Zahlreiche Entwürfe sind im Laufe der Jahrzehnte aufgestellt worden, die aber alle nicht befriedigten. Erst im Jahre 1923 wurde durch die gemeinsame Arbeit der Oderstrombauverwaltung und der Verwaltung der Märkischen Wasserstraßen eine Lösung gefunden, die die allgemeine Zustimmung fand und zur Ausführung kam.

Die Mündung wurde zur Verbesserung der Schifffahrtsverhältnisse um einen Kilometer weiter stromaufwärts verlegt, wo sie weniger der Verlandung ausgesetzt war. 1926 wurde bereits der auf der Ostseite (rechtes Ufer) der Oder stark vorspringende Rampitz–Aurither Deich zurückverlegt. Nun wurde – an der Fürstenberger Brücke beginnend – bis zur neuen Kanalmündung ein hochwasserfreier Führungsdeich angeordnet, der die Strömung der Oder bei hoher Wasserführung und zugleich auch das Eis im eigentlichen Strombett abführt. Dadurch wurde erreicht, dass die Kanalmündung unmittelbar in die Stromkonkave eingeleitet wird, wodurch den Fahrzeugen die Möglichkeit des ungehinderten Einlaufens gegeben wurde. Gleichzeitig schuf man damit unterhalb der Mündung auf dem Oderstrom eine gute Reede mit Festmachevorrichtungen in den

Böschungen des Führungsdeiches, damit hier die Schleppzüge zusammengestellt werden konnten.

Der verbleibende Teil des Äußeren Fürstenberger Sees wurde gleichzeitig als Winter- und Liegehafen für Dampfer und Kähne eingerichtet. Im hinteren Teil der ehemaligen Mündungsstrecke wurde zwischen Oder und Winterhafen ein Durchlass gebaut, um den Wasseraustausch weiter zu gewährleisten. Die Strecke von der Mündung bis zum Beginn des neuen unteren Vorhafens wurde begradigt, verbreitert und vertieft.

In Verbindung mit diesem Arbeiten wurde auch die Deichbrücke, die in ihrer Unübersichtlichkeit und mit ihrer geringen lichten Weite von nur 20 Meter das größte Schifffahrtshindernis in diesem Streckenabschnitt bildete, verlegt. Sie wurde durch eine stählerne Brücke von 50 Meter lichter Weite ersetzt. Diese wurde – wie auch die Oderbrücke – in den letzten Kriegstagen zerstört. Die Verbindung von Fürstenberg zur östlichen Uferseite wurde dann bis 1996 nur mittels einer Fähre gehalten. In diesem Jahr wurde dann die „Neue Deichbrücke" dem Verkehr übergeben. Die Brücke über die Oder wurde nach dem Krieg nicht wieder aufgebaut. Die nächste Möglichkeiten zur Überquerung der Oder befindet sich stromabwärts erst wieder in Frankfurt/Oder.

Ein Schöpfwerk, welches bis 1926 unmittelbar neben der alten Straßenbrücke lag, musste ebenfalls neu errichtet werden. Heute hat in dem ehemaligen Pumpwerksgebäude der Wasser- und Bodenverband Schlaubetal/Oderauen seinen Sitz.

Der Status als Winterhafen bestand noch bis 2010. Danach wurde aufgrund fehlender Erfordernis dieser Status durch die Wasser- und Schifffahrtsverwaltung aufgehoben. Die stählernen Dalben der Liegestelle wurden aufgrund starker Durchrostung ersatzlos gezogen und die Liegestelle stillgelegt.

**Alte Deichbrücke und Schöpfwerk (Foto entstand vom Turm der Fürsten-
berger Kirche), um 1926**

Einschwimmen der neuen Deichbrücke, 1929

Ausbau der staugeregelten Flussstrecke der Fürstenwalder Spree 1926 / 1927

Greifbagger in der Fürstenwalder Spree

Die Verlängerung der alten Schleusenkammern war aber nicht die einzige Maßnahme, um der Schifffahrt bessere Bedingungen zu bieten.

Es folgten verschiedene Arbeiten, um die von der Schifffahrt als große Hindernisse empfundenen scharfen Bögen im Kanal selbst und vor allem in der Fürstenwalder Spree zu beseitigen. Mit der Beseitigung der schärfsten Krümmungen in der Fürstenwalder Spree wurde im Rahmen der für diese Arbeiten zur Verfügung gestellten Geldmittel bereits im Jahre 1926 begonnen. Bis Ende 1927 wurden bereits drei Durchstiche, zwei bei Streitberg von zusammen 1,6 Kilometer Länge und einer bei Berkenbrück von 1,2 Kilometer Länge, ausgeführt. Als kleinster Krümmungshalbmesser wurde entsprechend den bei der Linienführung der westdeutschen Kanäle und Flüsse gemachten Erfahrungen tausend Meter gewählt. In Ausnahmefällen wurden bei den Arbeiten im Stadtgebiet von Fürstenwalde aufgrund der örtlichen Verhältnisse geringere Halbmesser in Kauf genommen. Der zur Ausführung bestimmte Querschnitt war unter Beachtung der Hochwasserführung der Spree berechnet und wies bei einer Sohlenbreite von 21,00 Meter eine Wassertiefe von mindestens 2,50 Meter bei Normalstau und eine Spiegelbreite von 43,00 Meter auf.

Verlängerung der Schleusen in Wernsdorf, Große Tränke und Kersdorf 1928

Ansicht der Schleuse Kersdorf mit Hubtor, um 1935

Neben dem Bau eines zweiten leistungsfähigen Abstieges in Fürstenberg plante man auch Maßnahmen an den anderen Schleusen.
Die Schleusenanlagen in Kersdorf, Fürstenwalde, Große Tränke und Wernsdorf sollten durch Schleppzugschleusen von 12 Meter Breite und 225 Meter Länge ergänzt werden.
Mit den Erdarbeiten wurde relativ schnell begonnen; in Kersdorf sind auf der Nordseite Teile der Schleusengrube heute noch erkennbar. Weitere Planungen und Arbeiten wurden aber im Jahre 1923 auf Anordnung des Reichsverkehrsministers wieder aufgegeben. Einerseits war der Verkehr zu dem Zeitpunkt noch weit von den Zahlen der Vorkriegszeit entfernt und andererseits ließ die starke Zunahme der Einzelfahrer auf dem Oder–Spree–Kanal die Notwendigkeit des Baues von Schleppzugschleusen nicht mehr erkennen. Weiterhin sollte geprüft werden, ob die Erhaltung der Staustufen Fürstenwalde und Große Tränke noch notwendig waren und ob nicht vielmehr der Ausbau des Oder–Spree–Kanals für 1.000-Tonnen-Fahrzeuge zweckmäßig auch mit einer Verminderung der Staustufen zu verbinden sei.

Die Untersuchungen im Jahr 1924 dazu ergaben, dass bei einem weiteren Ausbau des Kanals grundsätzlich der Fortfall der Staustufen Fürstenwalde und womöglich auch Große Tränke anzustreben sei. Sie haben aber auch gezeigt, das vor diesem Ausbau die Hochwasserführung der Spree durch Herstellung der schon vor dem ersten Weltkrieg geplanten Stauanlagen im oberen Spreegebiet soweit vermindert werden muss, das die Wasserstandschwankungen in der nach Fortfall der Zwischenschleusen übrigbleibenden Haltung Kersdorf–Wernsdorf in erträglichen Grenzen blieben. Durch die Erkenntnisse dieser Untersuchung wurde der Ausbau des Oder–Spree–Kanals für die 1.000-Tonnen-Fahrzeuge weiter hinausgeschoben. Stattdessen wurde erst einmal mit verhältnismäßig geringen Kosten versucht, sofort eine Verbesserung der Verhältnisse für die bestehende Schifffahrt herzustellen.

An den Staustufen Kersdorf, Große Tränke und Wernsdorf wurden die nutzbaren Längen der alten Kammern vergrößert. Dies geschah durch Verkürzung der Oberdrempel um 1,40 Meter und durch Ersatz der bisherigen, viel Raum einnehmenden, Stemmtore durch weniger Platz erfordernde Hubtore. Die Kammern wurden so von rund 55 Metern nutzbarer Länge auf rund 67,5 Meter verlängert, das heißt auf die Länge, die die Kammern in Fürstenwalde schon hatten. Sämtliche Schleusen des Oder–Spree–Kanals konnten nach diesen Arbeiten nicht nur die jetzt auf der Oder verkehrenden Schiffe vom Plauer Maß (65 Meter Länge, 8 Meter Breite) aufnehmen, die Berlin zur Zeit nur über den Umweg über den Hohernzollernkanal erreichen konnten, sondern auch die allmählich häufiger werdenden Schiffe von 67 Meter und 8,20 Meter Breite. Das wurde natürlich als ein außerordentlicher Vorteil für die Schifffahrt gesehen, der zu einer erheblichen Steigerung des Verkehrs auf dem Kanal führen sollte.

Ein Bericht aus dieser Zeit lautete: *„...Sind doch die bisherigen Schleusen, die das Breslauer Maß haben, und daher* *weite Kreise der Schifffahrt zur Anwendung dieses sowohl schifffahrtstechnisch wie wirtschaftlich sonst wenig vorteilhaften Maßes bei ihren Schiffsbauten zwangen. Die Beseitigung dieser Notwendigkeit wird daher zweifelslos der Schifffahrt einen starken Anstoß zum weiteren Ausbau ihres Schiffsparks geben und damit dazu beitragen, die Wettbewerbsfähigkeit der Wasserstraße gegenüber der Eisenbahn wesentlich zu stärken.".* Die Verwaltung führte die Verlängerung der genannten drei Schleusen noch 1928/1929 durch. Der Oder–Spree–Kanal war ab Sommer 1929 für die größeren Schiffe befahrbar.

Maßnahmen 1945–1989

Das Kriegsende 1945 brachte auch für die Bauwerke der Wasserstraße Zerstörung und Verwüstung mit sich.

Während in Berlin noch die letzten Kämpfe tobten, setzte in Fürstenwalde der sowjetische Pionier-Oberst Dudanow eine deutsche Verwaltung zur Wiederschiffbarmachung der Wasserstraßen im Amtsbereich Fürstenwalde ein. Die als erstes durchgeführte Bestandsaufnahme der Wasserstraße und ihrer Anlagen ergab eine traurige Bilanz. Sowohl die Hauptwasserstraße, als auch die Nebenwasserstraßen waren durch gesprengte Brücken, versenkte Schiffe und zerstörte Schleusen nicht mehr befahrbar. Von den 33 über die Spree–Oder–Wasserstraße führenden Brücken war nur eine unbeschädigt geblieben. Alle übrigen waren teilweise oder völlig zerstört und versperrten mit ihren Trümmern die Fahrt auf der Wasserstraße. Die fünf Doppelschleusen waren bis auf die Nordkammer der Schleuse Fürstenwalde betriebsfähig.

Die über den Friedrich–Wilhelm–Kanal führenden Brücken lagen alle gesprengt im Kanal. Von den sieben Schleusen des alten Kanals war nur noch die Schleuse Brieskow intakt. Bei den übrigen Schleusen hatte man das Unterhaupt gesprengt.

Auch das Unterhaupt der Schleuse Neuhaus war durch Sprengung zerstört worden und die Klappbrücke über das Oberhaupt wies starke Beschädigungen auf. Die Brücke über den Katharinengraben und zwei Brücken über der Müggelspree waren ebenfalls gesprengt worden.

188 Fahrzeuge lagen versenkt auf dem Grund der Wasserstraßen. Die wichtigste Aufgabe neben der Schiffsbergung bestand darin, eine Fahrt durch die Brückentrümmer zu schaffen. Sowjetische und deutsche Spreng- und Räumtrupps begannen noch im Sommer 1945 damit, die Fahrrinne freizumachen. 1946 konnte der Schiffsverkehr auf der Spree–Oder–Wasserstraße mit einer vorläufigen Tauchtiefe von 1,00 Meter wieder aufgenommen werden. Anfang 1948 konnte sie auf 1,50 Meter und Anfang 1949 auf 1,65 Meter erhöht werden. Im August 1949 konnte die Schifffahrt wieder mit dem vor dem Zweiten Weltkrieg erlaubten Tiefgang von 1,75 Meter fahren. Dank weiterer Maßnahmen konnte der Kanal ab August 1964 mit 1,85 Meter befahren werden.

Auf dem III. Parteitag der SED wurde 1950 der Bau des Eisenhüttenkombinats Ost (EKO) bei Fürstenberg beschlossen. In unmittelbarer Nähe entstand mit Stalinstadt die erste sozialistische Planstadt, die dann 1961 mit Fürstenberg zu Eisenhüttenstadt vereinigt wurde. Nach 1951 begannen auf dem Oder–Spree–Kanal umfangreiche Baumaßnahmen. Dazu gehörte der Bau eines Hafens am Hüttenzementwerk in den Jahren 1953/54 mit Kosten von 1,5 Millionen Mark. Dieser Hafen erhielt eine 330,00 Meter lange Schwergewichtswand und eine Hafenfläche von 16.500m². Er sollte später das Endstück eines Umgehungskanals werden, der von der Ziltendorfer Eisenbahnbrücke beginnend, unmittelbar neben der Bahn verlaufen sollte. Das bestehende Kanalstück innerhalb des EKO-Geländes wäre dann der Werkhafen für das EKO geworden. Das Projekt wurde aber aus Kostengründen zurückgestellt. Vorerst wurde nur die Wasserstraße im Bereich des Werkes auf 70 Meter verbreitert und hier Häfen für das EKO und eine Prahmreede gebaut. Zwischen Schleuse und der Grenzabfertigungsstelle nach Polen am Bollwerk wurden Koppel- und Liegestellen eingerichtet.

1961/62 wurde unterhalb von Fürstenwalde im Bereich von Km 73,6–74,2 die letzte scharfe Krümmung der Spree durch Abbaggern von bis zu fünfzig Metern des Nordufers beseitigt. Diese Arbeiten kosteten rund 800.000 Mark. Der Durchstich Sandfurthbrücke war der Beginn einer Reihe von Maßnahmen zur Begradigung der Wasserstraße. Zwischen den Schleusen Kersdorf und Eisenhüttenstadt entstanden Liege- und Koppelstellen sowie Überholstrecken für die Schifffahrt. Die Kapazität der Pumpwerke Neuhaus und Eisenhüttenstadt wurde erweitert.

Ab 1966 wurde der Oder–Spree–Kanal auf einer Gesamtlänge von 15,5 Kilometern für den Verkehr mit Dreier-Schubverbänden ausgebaut.

„Z-Antrieb" mit Mauersteinen auf dem Oder–Spree–Kanal, um 1980
Foto: Andreas Krenz

Perspektivstudie von 1966: „Die große Lösung"

Die Untersuchungen von 1924 zum Wegfall der Staustufen Fürstenwalde und Große Tränke wurde in den 60er Jahren wieder aufgegriffen.

Mit Datum vom 27.09.1966 wurde vom VE Projektierungsbetrieb für Wasserstraßen eine Perspektivstudie für den Oder-Spree-Kanal vorgelegt.

In der Studie wurden folgende Maßnahmen vorgeschlagen: bis 1975 sind die Durchstiche Sandfurth, Biegenbrück und Schlaubehammer fertigzustellen. Außerdem sind in Kersdorf und Wernsdorf neue Schleusen von 12 Meter Breite und 170,00 Meter Länge zu bauen. Die Schleusenplattform der alten und neuen Kammern in Wernsdorf sollte so hochgelegt werden, dass die Staustufen in Große Tränke und in Fürstenwalde beseitigt werden können. So wäre dann eine Haltung von Wernsdorf bis Kersdorf entstanden.

Vor einem Aufstau wären allerdings noch weitere Maßnahmen notwendig gewesen: Neubau des Wehres der Müggelspree in Große Tränke, Aufhöhung und teilweise Eindämmung der unterhalb Fürstenwaldes liegenden Wiesen, Vertiefung der Spree von Fürstenwalde bis Flutkrug, Anhebung der Brücken.

Insgesamt wären 2,5 Millionen Kubikmeter Boden zu bewegen gewesen und rund 100 Millionen Mark für die Gesamtmaßnahme ausgegeben werden müssen.

Die Kosten waren am Ende auch der Grund, warum die „große Lösung" nicht ausgeführt wurde. Einzelne Maßnahmen des Vorschlages wurden jedoch in den Folgejahren für die Verbesserung der Bedingungen für die Schifffahrt realisiert, zum Beispiel die Durchstiche Sandfurth (1966/68), Biegenbrück (1968/70) und Schlaubehammer (1969/71).

Bei der Herstellung des Durchstiches in Braunsdorf wurden 1967/69 die Uferbefestigungen sogar schon auf die zukünftige Höhe der „großen Lösung" hergestellt.

Maßnahmen nach 1990

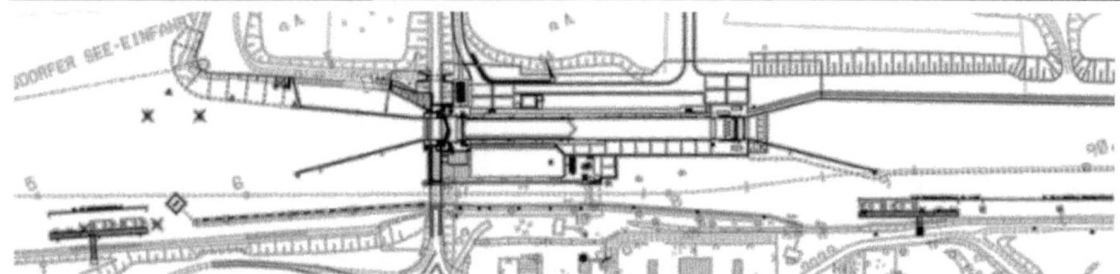

Verlängerung der Schleuse Kersdorf, 2013
Quelle: WSA Berlin

Der Zustand der Wasserstraße und der wasserbaulichen Anlagen ließ einen großen Investitionsbedarf erkennen.

Die wasserbaulichen Anlagen und die Schleusen und Wehre waren dringend sanierungsbedürftig, die Ufer und Ufersicherungen ausbesserungswürdig. Die Tauchtiefe betrug zwar 1,85 Meter, es waren aber dringend Baggermaßnahmen notwendig, um sie auch weiter garantieren zu können. Trotz der Bemühungen der Wasserbauer in der DDR-Zeit konnten sie aufgrund fehlender Mittel und Technik doch den Verfall der Wasserstraße nicht aufhalten.

Im Zusammenhang mit der Realisierung des Verkehrsprojektes Deutsche Einheit Nr.17 sollte auch die Verbindung Berlin–Oder mit dem Ziel ertüchtigt werden, den Oder–Spree–Kanal nachhaltig an das transeuropäische Binnenwasserstraßennetz anzubinden. Dazu sollten alle Schleusenbauwerke so angepasst werden, dass sie von Motorgüterschiffen mit 115,00 Meter Länge genutzt werden können, sowie das Nadelöhr Schleuse Große Tränke zurückgebaut werden.

Auch wenn einige der Maßnahmen in anderen Abschnitten bereits beschrieben wurden, möchte ich die wichtigsten hier noch einmal kurz aufführen. Die Aufzählung ist nicht vollständig; sie sollte aber einen guten Überblick der nach der Wende durch die Bundesrepublik erfolgten Investitionen in den Oder–Spree–Kanal zulassen.

Eine der ersten großen Maßnahmen war die bereits für 1989 geplante Sanierung der Schachtschleuse in Eisenhüttenstadt 1990–1994. Neben dem Einbau eines modernen Steuerstandes wurden sämtliche Antriebe erneuert/überholt, die Glockenschütze zum Oberwasser erneuert und die Hochbauten umfassend saniert.

Die Dammbalkenschuppen in den unteren Vorhäfen der Schachtschleuse wurden 1996 neugebaut und die Spundwände bekamen einen neuen Korrosionsschutz.

Das Pumpwerk in Eisenhüttenstadt wurde in den Jahren 1996/1997 erneuert. Neben einer umfangreichen Sanierung der Gebäude wurden neue Pumpen eingebaut und die Stromversorgung durch eine eigene Trafostation gesichert.

Das Wehr in Fürstenwalde wurde 1995/1996 saniert. Das neue Wehr besitzt drei Wehrfelder mit je zwei Schütztafeln (Ober- und Unterschütz). Über die gesamte Wehrbreite ist auf den Pfeilern eine Trägerkonstruktion montiert, auf die je Wehrfeld zwei elektromechanische Wehrmaschinen mit Doppelantrieb aufgesetzt sind. Die Kraftübertragung erfolgt mit Triebstöcken, wobei die Zahnstangen senkrecht in den jeweiligen Führungsschlitzen der Pfeiler angeordnet und am unteren Ende mit den Schütztafeln verbunden sind. Unterhalb des Wehres bricht eine Zahnschwelle aus Beton die durch das Überströmen des Wehres entstehende Energie des Wassers.

Auch das alte Klappenwehr Große Tränke konnte aufgrund seines desolaten Zustandes nicht mehr für eine ordnungsgemäße Wasserhaltung genutzt werden. Ein Neubau war dringend notwendig. Dieser wurde in den Jahren 1996/97 ausgeführt. Im Dezember 1997 wurden ein neues Wehr mit drei Wehrfeldern und die Bootsschleppe für muskelbetriebene Sportboote in Betrieb genommen.

Der Rückbau der Schleuse Große Tränke erfolgte im Jahr 2004. Durch diese Maßnahme wurde ein Nadelöhr beseitigt, das die Schiffe jahrzehntelang nur mit größter Vorsicht durchfahren konnten.

2004/2006 wurde die Nordkammer der Schleuse Wernsdorf von 55 Meter auf 115 Meter verlängert. Die Ausführung erfolgte in einer geschlossenen Baugrube, für die bis zu 17 Meter lange Spundwände in den teilweise sehr festen Mergel eingespült wurden. Der alte Kammerteil wurde baulich instandgesetzt, für den neuen Teil aufgrund des Baugrundes ein Stahlbetonhalbrahmen gewählt, der in fünf Blöcken betoniert wurde. Das Klapptor im Oberhaupt und das Stemmtor im Unterhaupt wurden nach umfangreichen Ausbesserungsmaßnahmen weiter verwendet. Der Betrieb der Kammer erfolgt nun aus einem Steuerstand, die Überwachung der Schleuse und der Vorhafenbereiche mit insgesamt acht Kameras. Am 21. November 2006 wurde die Schleuse für den Verkehr freigegeben. Durch die Kammerverlängerung entfallen nun die arbeits- und zeitaufwändigen Koppelmanöver für Schubverbände.

Im Ergebnis verschiedener Voruntersuchungen wurde an der Schleuse Kersdorf die Nordkammer grundhaft instandgesetzt und in Richtung Osten auf 115 Meter verlängert. Am 22. April 2010 fand der erste Rammschlag statt. Für die Grundinstandsetzung mussten die maroden Schleusenkammerwände abgebrochen und neu aufbetoniert werden. Die Verlängerung erfolgte dann in Spundwandbauweise. Das Oberhaupt wurde ebenfalls abgebrochen und durch einen nach Osten verschobenen Neubau ersetzt. Der obere Vorhafen wurde entsprechend der verlängerten Kammer mit einer Koppel- und Wartestelle für die Berufsschifffahrt ausgerüstet. Für die Sportschifffahrt wurden in beiden Vorhäfen Steganlagen errichtet. Im ehemaligen Wohnhaus des Schleusenwärters auf der Südseite wurde der Steuerstand eingebaut, von dem die Schleusungen durchgeführt und über zehn Kameras die Schleuse und die Vorhäfen überwacht werden können. Die Verkehrsfreigabe der verlängerten Kammer erfolgte am 05. September 2013.

Um die Tauchtiefe zu verbessern, wurden verschiedene Baggermaßnahmen durchgeführt, so unter anderem in der

Fürstenwalder Spree und zwischen Schachtschleuse und der Mündung in die Oder. Außerdem wurde in der Scheitelhaltung der Stau um einige Zentimeter erhöht.

Die Erhöhung der Abladetiefe für wirtschaftlichere Transporte zeigt der Vergleich zwischen den Binnenschifffahrtsstraßenordnungen 1998 und 2012.

Die Fahrzeuge und Verbände dürfen auf den genannten Streckenbereichen die folgenden Abmessungen und Abladetiefen nicht überschreiten („ – ":in anderen Abmessungen bereits geregelt, bzw. zu dem Zeitpunkt nicht relevant):

Km-Bereich	Länge in m	Breite in m	Abladetiefe 1998	Abladetiefe 2012
Grundsätzliche Maße				
Km 0,15–130,15				
Fahrzeug	67,00	8,25	1,75	2,00
Verband	91,00	8,25	1,85	2,00
Spezielle Regelungen				
Km 44,00–121,50				
Verband	125,00	8,25	1,85	2,00
Verband	125,00	9,00	-	1,85
Km 121,50–127,50				
Fahrzeug	80,00	9,00	2,00	-
Fahrzeug	82,00	9,00	-	2,00
Verband	82,00	9,00	2,00	-
	91,00	19,00	-	2,00
	125,00	9,00	-	1,85
	156,00	8,25	2,00	2,00
	156,00	9,50	1,80	1,80
Km 127,50–130,15				
Fahrzeug	80,00	11,45	2,00	-
	82,00	11,45	2,00	-
Verband	91,00	19,00	2,00	2,00
	125,00	9,00	-	1,85
	156,00	8,25	2,00	-
	156,00	9,50	1,80	1,80

Um die Bedingungen auch für die Sportschifffahrt zu verbessern, wurde die Schleuse Neuhaus saniert. Die Maßnahme umfasste elektrotechnische Arbeiten, Einbau von Haltestangen in der Kammer, Schaffung von Anlegemöglichkeiten.
Weitere Maßnahmen, um der Schifffahrt verbesserte Bedingungen anzubieten, bzw. die Wasserstraße und ihre Anlagen zukunftsfähig zu machen, waren:

- Ersatz der defekten Holzspundwände Km 85,24–86,48 und Km 109–110 (Dammstrecke)

- Erneuerungen von Ufersicherungen

- Ersatz der maroden Holzdalben an den Liegestellen der Berufsschifffahrt durch Stahldalben

- Neubau der Leitwerke der Schleuse Fürstenwalde durch Stahlleitwerke

- Neubau von Ein- und Auslaufbauwerken von Dükern, incl. der Ufersicherung der Gräben

- Sanierung der Hochbauten und Werkstätten, inclusive des Rückbaues nicht benötigter Gebäude

- Brücken: Rückbau der Schleusenbrücke Große Tränke und Ersatzneubau, Neubau der kriegszerstörten Fluthbrücke und Kaisermühler Brücke, Rückbau von ehemaligen Brückenwiderlagern von kriegszerstörten Brücken, Rückbau der Kohlenbahnbrücke in Eisenhüttenstadt, Sanierung fast aller dem Bund gehörenden Brücken über den Oder–Spree–Kanal

- Sanierung des Speisekanals des Pumpwerkes Eisenhüttenstadt

Wasserbauliche Anlagen des Oder–Spree–Kanals

In den vorangegangenen Abschnitten ist auf die Entwicklung dieser Wasserstraße seit der ersten Idee von Kaiser Karl IV. eingegangen worden.

Die wasserbaulichen Anlagen, die heute noch in Betrieb sind, wurden teilweise schon beschrieben. In den folgenden Beschreibungen der Anlagen in aufsteigender Kilometrierung finden noch einmal wichtige Fakten, auch bereits genannte, und einige historische Fotos und Zeichnungen ihren Platz.

Schleuse Wernsdorf, Km 47,60

Luftbild: Ulrich Gerwin

Die heutige Südkammer der Schleuse Wernsdorf wurde mit Schleusenhaus 1887/88 erbaut und 1891 in Betrieb genommen.

Mit den Rammarbeiten wurde am 24. Mai 1887 begonnen. Aufgrund der erheblichen Fallhöhe wurde zum Oberwasser hin anstelle eines Stemmtores zum ersten Mal in Europa ein in Amerika entwickeltes Drehtor (Tumble Gate) auf einem Drempel eingebaut, das bei den Schleusungen auf- und niedergelegt wird. Im Oberwasser wurde ein selbststätig schließendes Sicherheitstor errichtet. Die Arbeiten an der Schleuse wurden im November 1888 beendet, die Baukosten betrugen 375.000 Mark.

1892 wurden 629.000 Tonnen geschleust. 1906 waren es bereits 3,1 Millionen Tonnen.

Um die Wartezeiten zu verkürzen, wurde 1902 die Nordkammer mit einer Kammerbreite von 9,40 Meter und einer Länge von 55,00 Meter errichtet. Für das Füllen und Leeren der Kammer wurden eine Heberanlage, sowie Längsumläufe mit Stichkanälen eingebaut.

Im Oberhaupt kam ein Klapptor und im Unterhaupt ein Stemmtor zum Einsatz. Da Hochwässer der Spree in Teilen durch den Kanal geleitet werden mussten, um die Müggel-spree zu entlasten, wurde zwischen den Kammern eine Freiarche gebaut.

Bauarbeiten zweite Schleuse Wernsdorf, Aufnahme vom 29.01.1902

Bauarbeiten zweite Schleuse Wernsdorf, Aufnahme vom 23.04.1903

Eröffnung zweite Schleuse Wernsdorf, Aufnahme vom 22.09.1906

Postkarte Schleuse Wernsdorf, um 1910
Quelle: Archiv Autor

Um dem weiter gestiegenen Verkehr gerecht zu werden, wurde 1928 in der Südkammer der Oberdrempel verkürzt und das Untertor durch ein Hubtor ersetzt.

Die Abmessungen der beiden bestehenden Schleusenkammern waren für den Verkehr von Schubverbänden ungünstig (und für Motorgüterschiffe über 67 Meter Länge unmöglich). Deshalb erfolgte nach der Wiedervereinigung als erste größere Neubaumaßnahme für die Befahrung des Oder–Spree–Kanals mit 115–Meter–Schiffen der Ausbau der Schleuse.

Seit dem 21. November 2006 ist die auf 115 Meter verlängerte Kammer für den Verkehr freigegeben.

Nutzbare Abmessungen:

Nordkammer L x B:	115,00m x 9,40m (seit 2006)
Südkammer L x B:	67,50m x 8,60m (außer Betrieb)
Hubhöhe:	4,51m

Schleuse und Wehr Große Tränke, Km 68,75 und Km 69,05

Luftbild: Ulrich Gerwin

Am 18. Oktober 1887 erfolgte an der Schleuse Große Tränke die Grundsteinlegung für den Bau des Oder–Spree–Kanals.

Ungefähr fünf Kilometer unterhalb Fürstenwaldes trifft der neue Kanal bei der Ablage Große Tränke, die durch ein Gleis mit den Braunkohlengruben in den Rauener Bergen verbunden war, auf die Spree. Um den Eintritt von Hochwässern in den Kanal zu verhindern, wurde hier der Bau einer Schleuse nötig. Sie sollte mit einer nutzbaren Länge von 55 Meter bei starker Wasserführung der Spree Schleppschifffahrt auf der Strecke Wernsdorf-Große Tränke ermöglichen und war für ein höchstes Gefälle von 1,61 Meter ausgelegt. Da den größten Teil des Jahres aber niedrige und normale Wasserstände herrschten, stand sie in dieser Zeit offen. Das in der Müggelspree errichtete Wehr diente dazu, bei niedrigen Spreezuflüssen die Strecke Große Tränke-Fürstenwalde schiffbar zu halten. Die 1901 veröffentlichte Dokumentation „Kilometertheilung der Märkischen Wasserstraßen" zählt auf: an der Grenze zwischen den ehemaligen „Stromaufsichtsbezirken" Alt-Hartmannsdorf und Fürstenwalde entstand in Große Tränke bei Km 68,70 die Schleusenbrücke, bei Km 68,75 die Schleuse mit dem Dienstgehöft für den Schleusenwärter, bei Km 68,95 im alten Spreelauf ein Hafen und bei Km 69,00 ein Schützenwehr mit Schiffsdurchlass. Die Abzweigung der Müggelspree wird mit Km 69,05 angegeben.

Da die Schleuse Wernsdorf durch das höhere Gefälle mehr Schleusungswasser benötigte als die in Größte Tränke, wurde für die Zeiten, in denen die Schleuse in Große Tränke in Betrieb war, in der rechtsseitigen Schleusenmauer ein Speisekanal mit 1,18 Meter Weite und 1,54 Meter angelegt. Der Kanal konnte durch ein einfaches Bohlenschütz mit einer Hebevorrichtung geöffnet werden und so das für den Betrieb des Kanals nötige Speisewasser durchfließen. Die Kosten für die Herstellung der Schleuse beliefen sich auf 226.000 Mark.

Das neue Wehr wurde im Trockenen neben dem eigentlichen Flusslauf gebaut. Auf 300 Meter wurde ein neues Bett für die Wasserführung gegraben, während der frühere Spreelauf durch einen Sperrdamm abgeschlossen wurde. Durch die Nähe zur Schleuse konnte die Bedienung beider Bauwerke in die Hand eines Bediensteten gelegt werden. Das Wehr wurde mit zwei Schützdurchlässen und einem Schiffsdurchlass mit einer schmiedeeisernen Wehrklappe errichtet, um Flößen, Fischerbooten und leeren Kähnen weiterhin die Fahrt auf der Müggelspree zu ermöglichen. Die Schließung der Schützdurchlässe geschah in jeder Öffnung durch fünf Schütze, die mit Winden bewegt wurden. Die Bewegung der Klappe des Schiffsdurchlasses wurde mittels einer Gallschen Kette gelöst. Die Durchfahrtsöffnung wurde mit zwei Laternen beleuchtet. Zur Ermöglichung einer Spülung des Durchlasses wurden in jedem Pfeiler Spülkanäle eingebaut. Die Wehrbrücken und der Sperrdamm wurden hochwasserfrei gebaut, während die hinter dem

Wehr liegenden Wiesen bei Hochwasser überflutet wurden. Der Durchstich von der neuangelegten Kanalstrecke zur Müggelspree erfolgte im Jahre 1888. Die Baukosten des Wehres betrugen rund 180.000 Mark.

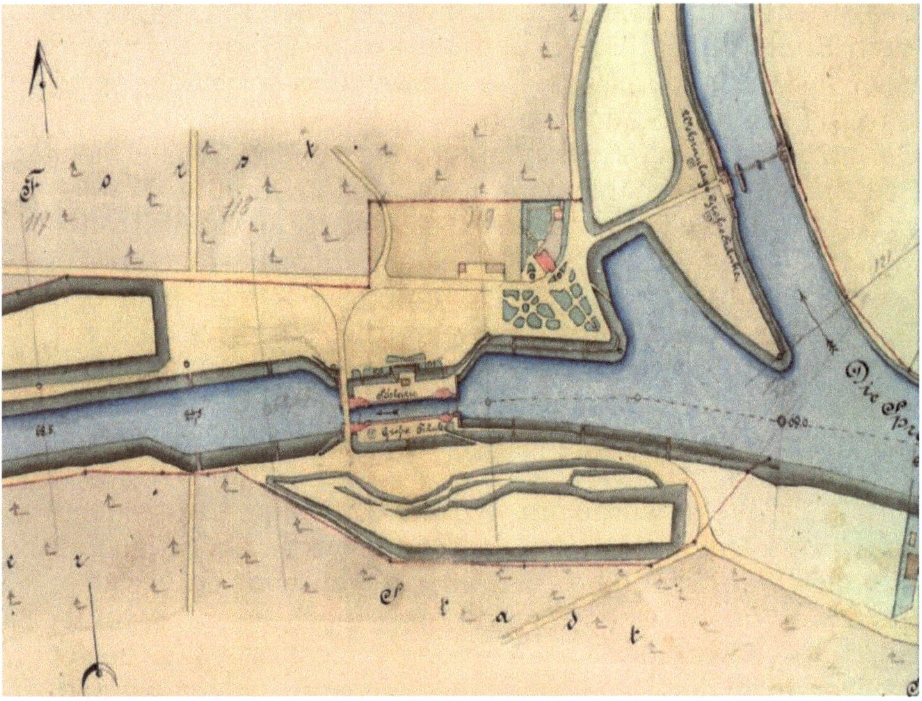

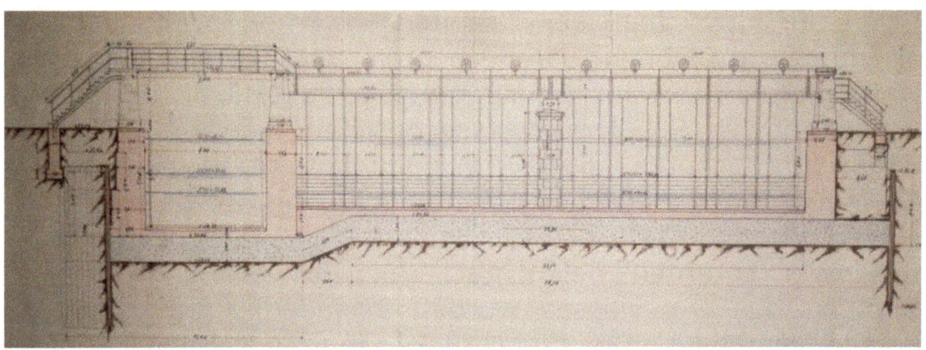

Karte Schleuse und Wehr Große Tränke, um 1888

Bauzeichnung Wehr Große Tränke, 1888

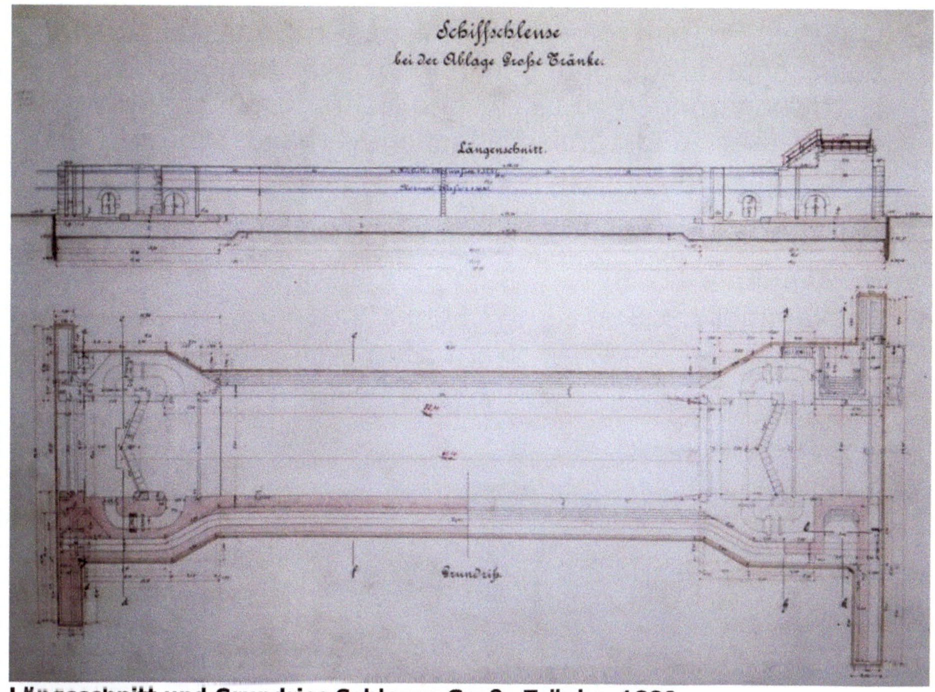

Längsschnitt und Grundriss Schleuse Große Tränke, 1889

1904 entstanden unmittelbar neben der Schleuse eine zweite, sowie eine Freiarche zur Abführung von Hochwässern bei Betrieb der Schleuse. 1929 wurden die Stemmtore im Unterhaupt der Südschleuse durch ein Hubtor ersetzt; die nutzbare Länge betrug danach 67,50 Meter. Seit den 1950er Jahren war der Betrieb der Anlage komplett eingestellt.

Obwohl der Wasserstand ausgeglichen und die Schleusentore ganzjährig geöffnet waren, mussten die Schiffe durch die nur 9,60 Meter breite Nordkammer navigieren.

Zur Erleichterung der Schifffahrt wurden 2004/2005 die längst überflüssig gewordene Schleusenanlage und die desolate Schleusenbrücke zurückgebaut. Eine neue Brücke überspannt seitdem ohne störende Pfeiler die nun 40 Meter breite Öffnung für die Schifffahrt.

Am 18. Dezember 1997 wurden ein neues Wehr mit drei Wehrfeldern und die Bootsschleppe für muskelbetriebene Sportboote in Betrieb genommen. Zur Ermöglichung von Fischwanderungen zu Laich- und Nahrungsplätzen errichtete der Wasser- und Landschaftspflegeverband „Untere Spree" 2007 umläufig zum Wehr einen Fischpass.

Nutzbare Abmessungen vor dem Rückbau:

Nordkammer L x B: 59,40m x 9,60m
Südkammer L x B: 67,50m x 8,53m
Hubhöhe: 0 – 1,35m (vom Hochwasser der
                       Spree abhängig)

Oder–Spree–Kanal im Bereich der ehemaligen Schleuse Große Tränke
Foto: Autor

Schleuse und Wehr Fürstenwalde, Km 74,75

Luftbild: Ulrich Gerwin

Für die Gründung Fürstenwaldes genau an dieser Stelle der Spree gibt es höchstwahrscheinlich mehrere Gründe.

Zum einen war das Gelände relativ hoch gelegen und damit größtenteils hochwasserfrei, zum anderen befanden sich hier mehrere Spreeinseln und die Spree war dadurch auch mit kleineren Brücken gut zu überwinden. Der Bau von Mühlen war an dieser Stelle ebenfalls gut zu realisieren. 1588 wurde auf Veranlassung von Kurfürst Johann Georg aus dem 1298 erstmals erwähnten Fürstenwalder Mühlenstau eine Stauschleuse. Über diese wurde der Schiffsverkehr bis zur „Frankfurter Niederlage" am Kersdorfer See möglich. Von hier erfolgte der Transport dann über Land nach Frankfurt zur Oder. Da die Spree laut einiger Chroniken erst 1588 bis zur Frankfurter Ablage bei Kersdorf schiffbar gemacht wurde, kann vermutet werden, dass auch die Stadt Fürstenwalde das Niederlagsrecht besaß. Darüber ist leider bis heute keine Urkunde aufgefunden worden.

Auf die Stauschleuse folgte der Bau einer hölzernen Kammerschleuse.

Da schriftliche Überlieferungen aus dieser Zeit fehlen, kann aufgrund der Lebensdauer eines Bauwerkes aus Holz nur vermutet werden, dass noch mindestens eine weitere gebaut werden musste. Zur Konstruktion dieser kann nichts mit Bestimmtheit gesagt werden. Nur von der jüngsten gibt es beim Bericht über den Schleusenbau von 1738 einige Aussagen. Sie war aus Holz gebaut, sehr oft baufällig und die Reparaturen kosteten nicht unbedeutende Summen. Der Zustand wurde schon bald nach dem Bau so schlecht, dass die Wände nur noch durch Riegel auseinandergehalten und vor dem Einsturz gesichert werden konnten. Schiffe mussten vor der Schleuse ihren Mast umlegen, um unter den Riegeln hindurch fahren zu können. Daher entschloss man sich, eine massive Schleuse zu errichten. Durch den Baudirektor Ruglisch wurde 1732 der Bau begonnen und im Jahre 1738 beendet. In der Chronik von Goltz findet man dazu folgendes: *„...die seit 1732 erbaute massive Schleuse war von Kalksteinen mit einer 1 Fuß starken Sandsteinverblendung ausgeführt, hatte in den Häuptern eine Breite von 21 Fuß, eine Gesamtlänge von 312 Fuß und war mit Hülfe dreier Wasserschrauben (Schöpfmaschinen) gegründet worden.“* Auch diese Schleuse war unzureichend erbaut. Die Gründung erfolgte nur unter den Wänden und die Drempel waren so schlecht konstruiert, dass das Wasser sie schon nach kurzer Zeit unterspülte.

Die baufällige hölzerne Schleuse wurde sich selbst überlassen. Am 21. September 1742 schrieb die Kriegs- und Domainenkammer an den Magistrat: *„...daß die alte Schleuse zu Fürstenwalde nach und nach mit Schutt aufgefüllt werden solle. Dem Magistrat wurde anbefohlen, den Schutt von den abzubrechenden Häusern hineinzufahren.“*

Plan Fürstenwalde, um 1800

Aufgrund des schlechten Zustandes der Schleuse wurde dann 1830 mit einem Neubau begonnen, der für eine veranschlagte Summe von 49.631 Talern in drei Jahren fertiggestellt werden sollte.

Nach dem Vorbild der Schleusen des Friedrich–Wilhelm–Kanals wurde sie mit versetzten Häuptern gebaut,

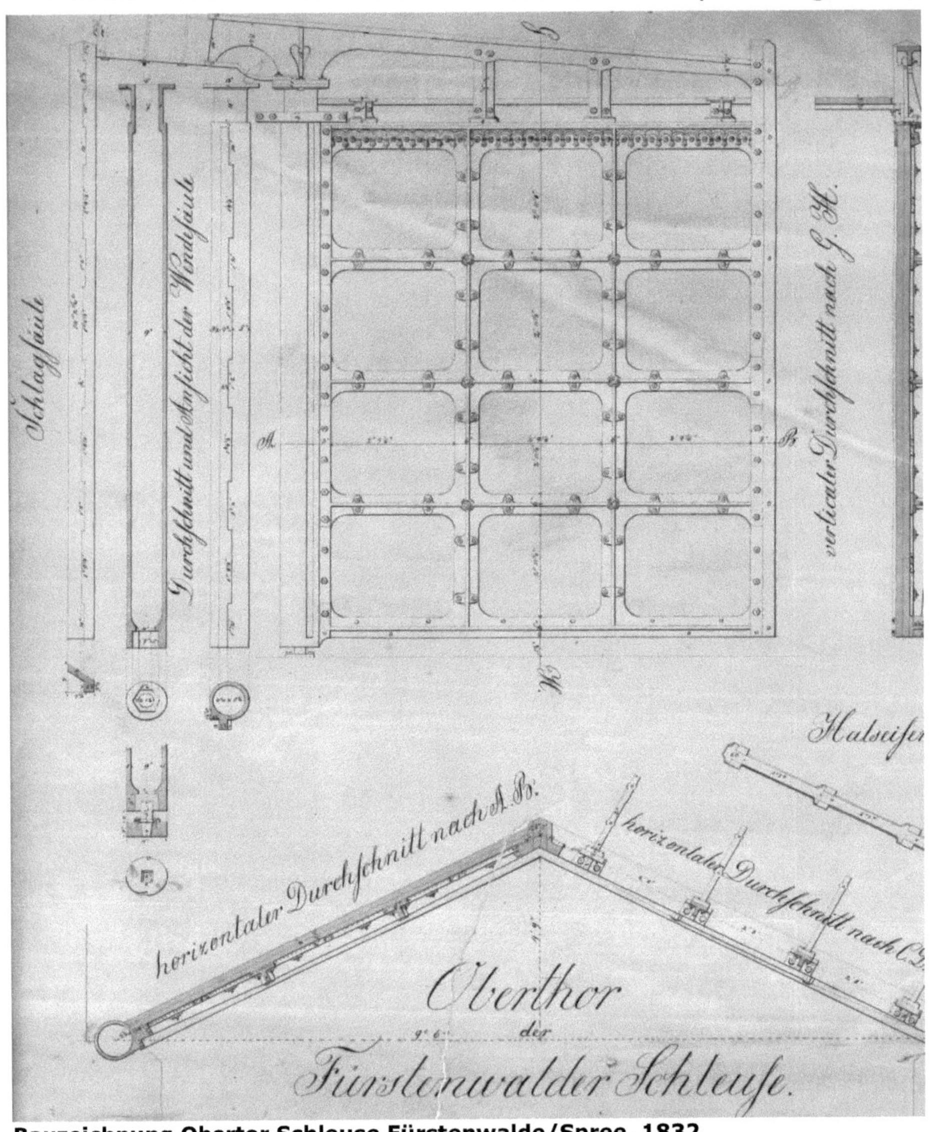

Bauzeichnung Obertor Schleuse Fürstenwalde/Spree, 1832

so dass gleichzeitig zwei Schiffe mit 40,20 Meter Länge und 4,60 Meter Breite geschleust werden konnten.

Nach großen Problemen mit dem Untergrund und Hochwässern konnte im April 1832 der Grundstein gesetzt werden. Goltz schreibt dazu in seiner Chronik von 1837:

„...der Grundstein von demselben Steine, aus welchem die vor dem königlichen Museum in Berlin aufgestellte Schaale ausgearbeitet ist, in Gegenwart des Chef-Präsidenten der Frankfurter Regierung, sämtlicher Civilbehörden aus der Stadt, aller beim Baue thätig gewesenen Baubeamten, Handwerker und Tagelöhner und einer großen Menge von Zuschauern gelegt.".

In eine Höhlung des Grundsteins wurden drei gedichtete Glaszylinder mit einer Urkunde, Bauzeichnungen, die Ausgabe der Königlich–Preußischen Staatszeitung und mehrere Münzen eingegossen. Die Urkunde hatte folgenden Wortlaut:

„Unter der Regierung Friedrich Wilhelm III. wurde im Jahr 1830 der Bau dieser Schleuse unter der administrativen Leitung des Regierung-Chef-Präsidenten von Wißmann zu Frankfurt a.d.Oder nach einem von dem Geheimen Oberbaurathe Günther geprüften Entwurfe des Regierungs- und Wasserbauraths Vogel begonnen. Unter der Oberaufsicht des letzteren führten den Bau der Wasserbauinspektor Leipold und der Bauconducteur Zimmermann mit Hülfe der Condukteure Cochius und Wieser, die Zimmerarbeiten die Meister Rademacher und Töpel, und die Maurerarbeiten die Meister Hartmann und Nieske aus. Diese neue Schleuse ist nach der von den oben angeführten Räthen in den Jahren 1826 bis 1829 bei Brieskow im Friedrich–Wilhelmscanale entworfenen und von dem Wegebaumeister Kirsten ausgeführten Schleuse, nach dem beiliegenden Grundrisse im Lichten 130 Fuß lang, 30 Fuß weit in der Kammer, desgleichen 23 Fuß lang im Oberhaupte, 48 Fuß lang im Unterhaupte, bei 17 Fuß Weite mit versetzten Thoren

angelegt. Die gegenwärtig noch vorhandene alte sehr baufällige Schleuse ist in den Jahren 1732 bis 1738 unter Leitung des Baudirektors Ruglisch als die erste massive Schleuse bei Fürstenwalde erbaut worden, obgleich vor derselben schon mehrere hölzerne hier vorhanden waren. Zur Urkunde dessen ist diese Nachricht nebst einem Situationsplane und der Zeichnung von der Schleuse, dem Handbuche für den Preußischen Hof und Staat, für das Jahr 1831 und den in den Preußischen Landen gesetzlichen Münzen in den Grundstein dieser Schleuse eingeschlossen worden am 28. April 1832

gez. von Wißmann „

Schleuse von 1832, Foto um 1900
Quelle: Archiv Autor

1836–1838 ließ die Königliche Wasserbau-Inspektion eine Erneuerung von Freiarche und Wehr durchführen, um Wasserhaltung, Schiffbarkeit und Eisabführung zu garantieren. Beim Bau des Kanals zur Freiarche fand man die alte hölzerne Schleuse wieder, die knapp hundert Jahre zuvor zugeschüttet worden war. Der vollständige Boden, die Drempel und die Wände bis zu einer Höhe von 6 Fuß waren noch erhalten. Das Holz war ausreichend, um die beim Freiarchenbau arbeitende Dampfmaschine ein Jahr hindurch mit Brennmaterial zu versorgen.

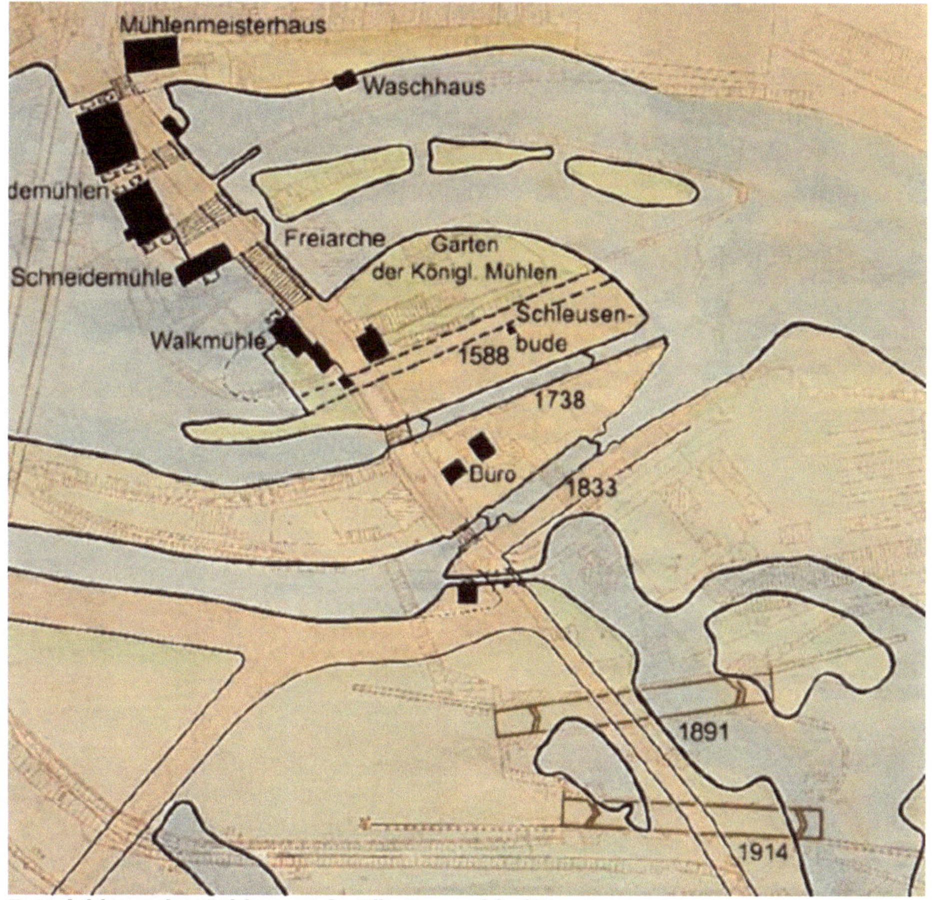

Entwicklung der Schleusen in Fürstenwalde/Spree
Quelle: Ulrich Gerwin

Die heutige Nordschleuse Fürstenwalde wurde 1891 mit einer nutzbaren Länge von 65 Meter gebaut. Dieses Maß wurde als Muster für spätere Bauten gewählt; die anderen

Schleusen am Oder–Spree–Kanal wurden nur mit 55 Meter Länge errichtet. Die Baukosten der Schleuse betrugen 320.000 Mark.

Die Brücke über der alten Schleuse wurde durch eine 1,15 Meter höher gelegte eiserne Brücke ersetzt. Die bisherigen drei Wege nach Beeskow, Storkow und Braunsdorf, die sich hier vereinigten, mussten vollständig verlegt und über eine feste Brücke über das Unterhaupt der neuen Schleuse geführt werden.

Die durch Aufschüttung einer niedrig gelegenen Wiese und eines Teils der Spree entstandene Landfläche wurde zur Anlage eines Bauhofes und eines Baggermeistergehöfts genutzt. Das Gehöft wurde in gleicher Bauweise wie die Schleusenmeistergehöfte ausgeführt.

Treidelbrücke mit Schiffen, um 1905

Zur Überführung des Treidelweges zum Holzhafen wurde in den Jahren 1903/04 eine Treidelbrücke mit einer Länge von 120 Meter als Durchlaufträger (Gerberträger) errichtet. Dieses Bauwerk verband die obere Mole am ehemaligen Holzhafen mit dem Gelände am Vorhafen der Schleuse, das bis zum westlichen Widerlager ebenfalls in der Art einer Mole angelegt wurde.

Der Überbau ist als Eisenfachwerkträger (N-Fachwerk) mit fünf Feldern (20,0/22,0/36,0/22,0/20,0 Meter) ausgebildet, wobei in der mittleren Flussöffnung ein Schwebeträger, in den anschließenden seitlichen Flussöffnungen jeweils ein Kragträger (beidseitige Auskragung) und in den Vorlandöffnungen jeweils ein Schleppträger angeordnet wurde. Die Fachwerkstäbe sind überwiegend aus L-Profilen gefertigt worden. Die Konstruktion hat einen untenliegenden Windverband. Der Überbau liegt auf einem festen (westlicher Mittelpfeiler) und fünf beweglichen Lagern.

Die Pfeiler sind aus Mauerwerk, versehen mit einer Klinkeraußenschale. Die Pfeilerköpfe und die Pfeilerbasis im Bereich des Wasserwechsels sind aus Granitwerkstein. Die Lagerbasen sind mit Ankerstangen mit einer Länge von rund 1,50 Meter in den Pfeilern verankert. Als Gründung wurden Brunnenkränze mit Füllungen aus Kies, Schütt- und Stampfbeton eingesetzt.

Die landseitigen Widerlager einschließlich der Postamente und der Kammerwand sind oberhalb der Hochwasserlinie aus Mauerwerk mit eingelagertem Granitwerkstein gefertigt. Die eingeschütteten Bereiche der Widerlagerwand bestehen aus Stampfbeton. Als Gründung wurde jeweils ein Holzpfahlrost mit einem Pfahlkopfbalken aus Schüttbeton eingesetzt.

Die Treidelbrücke ist in der Denkmalliste des Landes Brandenburg eingetragen. Aufgrund von die Standsicherheit beeinträchtigender Schäden wurde sie für die Öffentlichkeit gesperrt. Im Sinne eines Erhalts von einmaligen Zeugnissen der

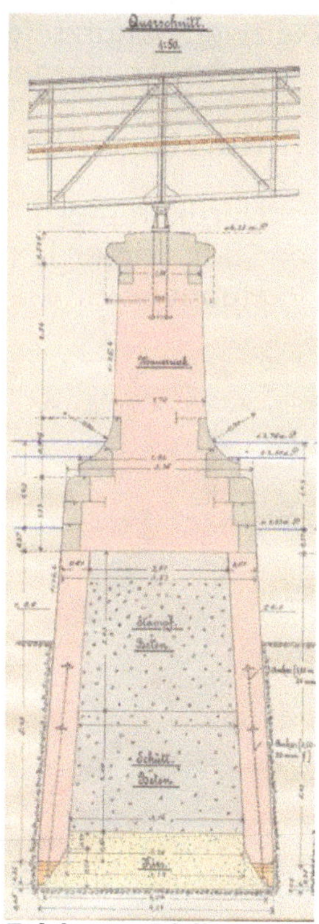

Zeichnung Pfeiler, 1904

(wasserbaulichen) Geschichte sollte nunmehr versucht werden, eine denkmalgerechte Lösung zur Bewahrung dieses stadtbildprägenden Bauwerks zu finden.

1912–1914 folgte der Bau der breiteren Südschleuse. Beide Schleusen werden durch Stemmtore an Ober- und Unterhaupt geschlossen. Die Füllung und Entleerung erfolgt mit Rollkeilschützen in Torumläufen. Die Häupter, die Sohlen, sowie Teile der aufgehenden Kammerwand sind aus Beton, der teilweise mit Stahl bewehrt ist, gefertigt. Der obere Teil der Kammerwände besteht aus Mauerwerk.

1996 wurde das neue Wehr Fürstenwalde in Betrieb genommen. Das neue Wehr besitzt drei Wehrfelder mit je zwei Schütztafeln, die automatisiert je nach Wasserstand gefahren werden.

Nutzbare Abmessungen:

Nordkammer L x B:	67,60m x 8,54m
Südkammer L x B:	67,70m x 9,40m
Hubhöhe:	0,93m

Schleuse Fürstenwalde, 2014
Foto: Autor

Schleuse Kersdorf, Km 89,73

Luftbild: Ulrich Gerwin

Die Schleuse Kersdorf (heutige Südkammer) wurde – zusammen mit einem Schleusenmeistergehöft – 1887/88 erbaut.

Für die Kanalarbeiter wurden im Umfeld zahlreiche Wohnbaracken errichtet. Die Schleuse erhielt wie alle neugebauten Schleusen des Oder–Spree–Kanals *„...eine nutzbare Kammerlänge von 55,00m, eine Breite von 8,60m in den Häuptern, von 9,60m in den Kammern und eine Wassertiefe von 2,50m über dem Drempel"*. Zu dem Schleusenmeistergehöft gehörten ein Nebengebäude mit einem Stall für Hühner und Schweine, sowie ein Garten, in dem mehrere Obstbäume gepflanzt wurden. Die Schleusenbediensteten verdienten damals nicht viel; so konnten sie sich mitten im Wald wenigstens teilweise selbst versorgen.

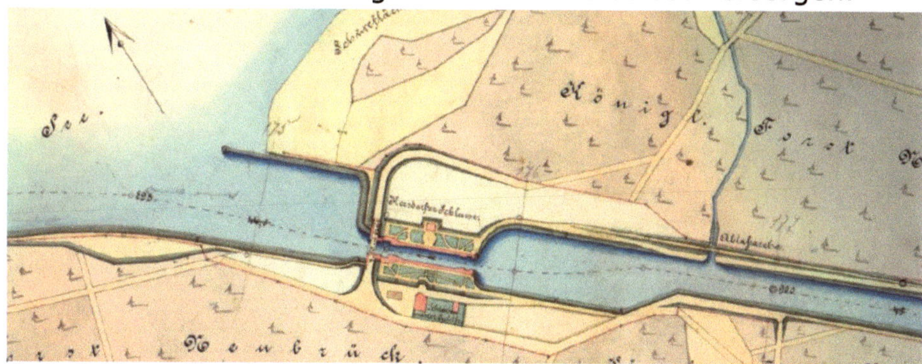

Karte Schleuse Kersdorf, 1891

Die hölzernen Tore und die anderen Anlagen wurden mit Menschenkraft bewegt.

Um die Wartezeiten aufgrund der hohen Schiffszahlen zu verkürzen, wurde ab 1903 eine zweite Schleusenkammer errichtet. Die Nordkammer der Schleuse Kersdorf wurde im Unterhaupt mit einem Stemmtor und im Oberhaupt mit einem Klapptor ausgestattet. Die Kammer mit einer nutzbaren Breite von 9,60 Meter wurde 1904 für den Verkehr freigegeben.

Kurze Zeit nach dem Bau der zweiten Kersdorfer Schleusenkammer entstanden auf der Südseite ein großes Wohnhaus für das Schleusenpersonal, sowie ein mittig zwischen den Kammern angeordnetes Sparbecken zur Verminderung der Wasserverluste. Bei Schleusungen zu Tal wurde zunächst dieses Becken gefüllt und nur ein Rest des Wassers talwärts abgegeben. Zu Berg wurde umgekehrt die Kammer zunächst aus dem Sparbecken gefüllt und nur ein Teil aus dem Oberwasser hinzugefügt. Die Füllung und Leerung der Kammer erfolgte über Heberanlagen nach dem Hotopp-Prinzip. Das Füllwasser wurde aus dem Oberwasser angesaugt; die Entleerung erfolgte mit Torumläufen bzw. Torschützen. Für die Elektrifizierung der Schleuse wurden Lokomobile (Dampfmaschinen in geschlossener Bauweise) eingebaut.

Baugrube zweite Schleuse Kersdorf, Aufnahme vom 01.07.1901

Bau der zweiten Kammer Schleuse Kersdorf; Dampfbagger

Bau der zweiten Kammer Schleuse Kersdorf, Aufnahme vom 10.03.1904

Stemmtor, Aufnahme vom 03.06.1904

Eröffnung der zweiten Kammer Schleuse Kersdorf am 13.07.1904

Rammarbeiten in der Sparbeckenbaugrube, Aufnahme vom 08.09.1905

Transport der Lokomobile 2 zum Aufstellort, Aufnahme vom 08.09.1905

Der Bau der Zweitschleusen zog ein weiteres Ansteigen des Anteils von Schiffen über Finowmaß nach sich.

1928 entschloss sich die Reichswasserstraßenverwaltung aufgrund der hohen Verkehrszahlen, neben den Schleusen Wernsdorf und Große Tränke auch Kersdorf den neuen Gegebenheiten anzupassen. Die Kammer aus dem Jahre 1889 wurde durch Abstemmen der Oberdrempel und den Einbau von Hubtoren von 55,00 auf 67,50 Meter verlängert. Diese Arbeiten an der Kersdorfer Südkammer waren im Sommer 1929 abgeschlossen.

Mit diesen vergleichsweise kostengünstigen Maßnahmen konnte die Schleuse Plauermaß-Schiffe (Länge 65,00, Breite 8,00, Tiefgang 1,75 Meter) und Groß-Plauer Maßkähne (Länge 67, Breite 8,20, Tiefgang 2,20 Meter) aufnehmen.

Im Ergebnis verschiedener Voruntersuchungen wurde ab 2009 die Nordkammer grundhaft instandgesetzt und in Richtung Osten verlängert. Die Kammer erhielt eine nutzbare Länge von 115 Meter, die Breite von 9,80 Meter wurde beibehalten. Für die Grundinstandsetzung wurden die maroden Schleusenkammerwände teilweise abgebrochen und neu aufbetoniert. Die Verlängerung erfolgte dann in Spundwandbauweise. Das alte Oberhaupt wurde durch einen nach Osten verschobenen Neubau ersetzt und mit einem Drehsegmenttor ausgerüstet. Oberer und unterer Vorhafen wurden entsprechend der verlängerten Schleuse ausgebaut und erhielten je eine Warte- und Koppelstelle für die Berufsschifffahrt sowie gesonderte Warte- und Liegestellen für Sportboote. Am 05. September 2013 wurde die Nordkammer dem Verkehr übergeben.

Beim Bau der Nordkammer 1904 ließ die Wasserstraßenverwaltung ein Modell der Kammer im Maßstab 1:20 bauen, das die einzelnen Bauschritte zeigt. Das Modell stand zusammen mit Hunderten anderen Modellen aus allen Baurichtungen im Deutschen Baumuseum im Anhalter Bahnhof. Dieser brannte in den letzten Kriegstagen aus und nur wenige Modelle überstanden das Feuer. Nachdem es jahrelang in der Wasserbau-Ausstellung im Museum für Verkehr und Technik in Berlin stand, wurde bei der Neugestaltung auf andere Modelle Wert gelegt. Nach einer Abfrage bei den Museen in der Region des Oder–Spree–Kanals fand es seinen Weg zur Schleuse Kersdorf. Nun steht das Modell im Informationszentrum für die Geschichte des Oder–Spree–Kanals im denkmalgeschützten Schleusengebäude der Nordkammer und zeigt den Besuchern eindrucksvoll die damalige Bautechnik. Nach Voranmeldung können Besucher die Schleusenanlage besichtigen und sich über die 125-jährige wasserbauliche Geschichte informieren.

Nutzbare Abmessungen:

Nordkammer L x B:	115m x 9,80m (seit 2013)
Südkammer L x B:	67,50m x 8,50m
Hubhöhe:	2,38m

Verlängerte Nordkammer Blickrichtung Osten
Foto: Autor

Unfall in der Südkammer Kersdorf,
10. August 1928

Im August des Jahres 1928 kam es zu einem verhäng-
nisvollen Unfall in der südlichen Kammer der Schleuse
Kersdorf.

Lesen Sie selbst einige Auszüge aus dem Unfallbericht des
Wasserbaudirektors Frentzen:

*„…Der Unfall geschah am 10. August gegen 15:30 Uhr, als
der Dampfer „Harald" der SchlesischenDampfer-Kompagnie
– Länge 18,83m, Breite 4,30m, Tiefgang 1,44m, Maschi-
nenstärke 110 PS – zugleich mit einem Berliner Maßkahn
(46,00m lang; 6, m breit) von 335 t Ladefähigkeit die
südliche alte Schleuse Kersdorf in der Richtung zu Berg
verlassen wollte. Oberwasser stand normal auf +40,82
N.N., Unterwasser außergewöhnlich niedrig auf +37,72 N.N
(Mittelwasser => 38,09). Die Kammer war gefüllt und das
Obertor (Klapptor) niedergelegt… In dem Augenblick, als
der Kahn sich mit seinem Steuer gerade über dem Oberdrempel befand, löste sich plötzlich die kammerseitige Kan-
te der nördlichen Stemmsäule in Form eines mehrere Meter
langen Splitters von der Säule los. Unmittelbar danach
schlugen beide Flügel des Untertores mit einem heftigen
Knall nach dem Unterwasser zu auf, und das Wasser ström-
te mit großer Gewalt aus der Kammer nach dem Unterwasser hinaus und vom Oberwasser her in die Kammer
hinein. Dadurch wurde der Kahn wieder in die Schleuse*

zurück-gerissen, sodaß er mit dem Vorderteil auf den Ober-
drempel, mit dem Heck auf den Schleusenbodenaufschlug
und etwa in der Mitte seiner Länge eingedrückt wurde…
Auch klemmte der Kahn den neben ihm befindlichen Dampf-
fer derart ein, das beide Fahrzeuge weder vor- noch rück-
wärts konnten… Der Besatzung des Dampfers gelang es
noch, das Feuer herauszureißen und den Dampf abzublasen,
ehe sie den Dampfer verließ, sodaß die Gefahr einer Explo-
sion beseitigt war…".

Um das Leerlaufen der Scheitelhaltung zu verhindern, wurde sofort mit Abdämmungsarbeiten begonnen. Die Dammbalken des Oberverschlusses konnten nicht benutzt werden,
da die Spitze des Kahnes in den Bereich hineinragte. So
wurde – aufgrund des hohen Strömungsdruckes mit vielen
Schwierigkeiten verbunden – erst im Unterwasser eine
Balkenwand errichtet. Die Arbeiten nahmen die ganze
Nacht vom 10. zum 11. August in Anspruch. Der
Wasserspiegel in der Scheitelhaltung sank bis zum Morgen
schon um 40 cm ab. Nun konnte auch im Oberwasser ein
zuverlässiger Notverschluss errichtet, ein weiteres Absinken des Wasserstandes verhindert und mit der Bergung
der Ladung begonnen werden. Ab 14. August war die
Schifffahrt (über die Nordkammer) wieder uneinge-
schränkt möglich.

Die Ladung des verunglückten Kahnes betrug nach dem Ladungsverzeichnis

124,9 t verschiedene Güter I.Klasse
12,8 t Weizenmehl
7,5 t Metallasche .

Nach den Feststellungen des Wasserbauamts wurden im ganzen geborgen:

463 Holzfässer, enthaltend verschiedene Öle, davon 10 stark beschädigt,
114 Eisenfässer gleichen Inhalts,
11 Kannen Öl,
17 Rotgußkannen (Metallasche),
1 Kiste Antimon,
2 leere Holzfässer,
200 Sack kannadisches Weizenmehl.

Die geborgene Ladung wurde von der Schlesischen Dampfer-Compagnie nach ihren Lagerschuppen in Fürstenberg gebracht. In den Mehlsäcken hatte sich infolge der Nässe eine äußere Kruste gebildet, die eine weitere Durchfeuchtung des Inhalts verhindert hatte.

Auszug aus dem Unfallbericht

Der Gesamtschaden an den Schiffen und ihrer Ladung, sowie die Kosten für die Bergung summierten sich auf rund 100.000 Reichsmark (entspricht heute ca. 420.000,00 €). Kosten für die Wiederinstandsetzung des Stemmtores fielen nicht an, da für den Winter 1928/1929 bereits der Einbau eines Hubtores geplant war.

zerstörtes Stemmtor zum Unterwasser

Schleuse und Pumpwerk Neuhaus, Neuhauser Speisekanal Km 2,7

Luftbild: Ulrich Gerwin

Die Geschichte der Schleuse Neuhaus beginnt, wie schon in diesem Buch beschrieben, bereits im 17. Jahrhundert.

Damals ließ der Große Kurfürst Friedrich Wilhelm den sogenannten „Neuen Graben" oder „Müllroser Canal" realisieren, der später nach ihm benannt wurde. 1668 war die erste schiffbare Verbindung zwischen Spree und Oder vollendet. In einer um 1780 veröffentlichten Dokumentation wird die „Neuhauser Schleuse" mit einem Gefälle von 8½ Fuß erwähnt, die von der Müllroser Schleuse 2708 Ruten entfernt liegt. Bis 1891 ging die Fahrt zwischen Berlin und der Oder durch die Schleuse Neuhaus.

1838 wurde in Neuhaus eine neue Schleuse mit versetzten Häuptern in massiver Bauweise für Finowmaß-Schiffe erbaut, um dem gestiegenen Verkehr und größeren Schiffen gerecht zu werden.

Zeichnung Schleuse Neuhaus, 1838

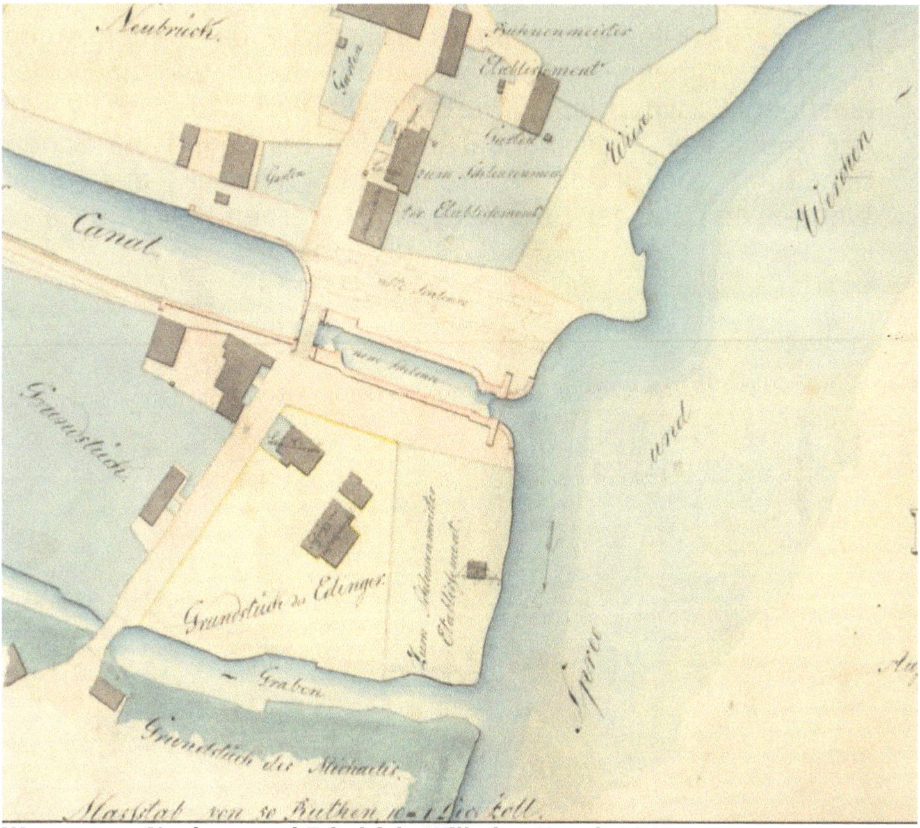

Wergensee, Neuhaus und Friedrich–Wilhelm–Kanal, 1840

Nach dem Bau des Oder–Spree–Kanals war die Fahrt über Drahendorfer Spree und Friedrich–Wilhelm–Kanal nicht mehr nötig. Da die natürlichen Zuflüsse für die Speisung der neuen Scheitelhaltung nicht ausreichten, wurde der Bau eines Pumpwerkes an der Spree notwendig.

Ein Jahr nach der Eröffnung des Oder–Spree–Kanals erfolgte 1892 in Neuhaus ein Schleusenneubau. Errichtet wurde eine Kammer mit Stemmtoren im Unter- und Oberhaupt. Sohle und Kammerwände bestanden aus Mauerwerk auf Holzpfählen mit Bohlenbelag. Gleichzeitig entstand unmittelbar neben der Schleusenkammer das Pumpwerk Neuhaus mit einer Pumpleistung von 2,7 Kubikmeter pro Sekunde.

Das 2,73 Kilometer lange Teilstück des ehemaligen Friedrich–Wilhelm–Kanals zwischen Neuhaus und der einstigen Buschschleuse wurde reaktiviert. Aus ihm wurde der Neuhauser Speisekanal, über den bei Bedarf der Scheitelhaltung des Oder–Spree–Kanals Wasser aus dem Wergensee bzw. der Spree zugeführt werden konnte.

Schleuse Neuhaus mit Hubbrücke und Pumpwerk, um 1900

Die „Eintheilung und Bezeichnung der Märkischen Wasserstraßen" führt bei Km 2,72 des Speisekanals in Neuhaus eine Straßenbrücke, eine Hebestelle und ein Pumpwerk auf. Da sich die seinerzeit konzipierte Pumpenleistung als unzureichend erwies, wurde später die Kapazität des dampfbetriebenen Pumpwerks auf 7 m³/s gesteigert. Der Entzug von Spreewasser führte allerdings in Niedrigwasserzeiten zu Schwierigkeiten in der Wasserversorgung Berlins, da ein Teil des hochgepumpten Wassers bei Schleusungen auch zur Oder abgegeben wurde. Um dies auszuschließen, wurde gefordert, den Pumpbetrieb in Neuhaus einzustellen, wenn der Abfluss der Spree unter 9 m³/s zurückging. 1916/17 entstand daher zusätzlich das Pumpwerk Fürstenberg, über das in Trockenzeiten Oderwasser zur Versorgung der Kanalstrecke herangezogen werden konnte.

Die Kapazitäten der Pumpwerke Eisenhüttenstadt und Neuhaus mussten nach der Inbetriebnahme des Eisenhüttenkombinats Ost noch einmal erweitert werden, um den erhöhten Wasserbedarf für Schifffahrt und Werk auch in Niedrigwasserzeiten zu decken. Das dampfbetriebene Pumpwerk Neuhaus wurde 1954/55 auf elektrischen Betrieb umgestellt und 1958/59 mit einer automatischen Steuerungsanlage ausgerüstet. Bei der Instandsetzung im Jahre 1973 wurden die Häupter und die Wände der Schleusenkammer auf zwei Drittel der Höhe mit einer Betonvorsatzschale versehen.

Der Neuhauser Speisekanal, die Schleuse und das Pumpwerk gehören aufgrund ihrer Geschichte und ihrer Funktion für den Kanal der Wasser- und Schifffahrtsverwaltung des Bundes. Unmittelbar nach dem südlichen Schleusentor weist ein Schild darauf hin, dass der Wergensee und damit der historische Flusslauf der Spree „Landeswasserstraße Brandenburg" ist. Güterschifffahrt findet auf dem Abschnitt zwischen Wergensee und Oder–Spree–Kanal schon lange nicht mehr statt. Die Wasserstraße wird überwiegend von Sportbooten genutzt, die über die Spree in das Wassersportrevier am Schwielochsee oder in den Spreewald fahren.

Abmessungen:

L x B: 41,90m x 9,38m (Torweite 5,30m)
Hubhöhe: 0,90-1,20m (je nach Wasserstand der Spree)

Hubbrücke Neuhaus, um 1933

Oberhaupt mit Hubbrücke
Foto: Autor

Schleusentreppe Fürstenberg
Km 125,84, Km 127,03, Km 128,23

Die dreistufige Schleusentreppe mit Oberer, Mittlerer und Unterer Schleuse wurde südlich der Stadt Fürstenberg/Oder errichtet.

Laut „Kilometertheilung der Märkischen Wasserstraßen" von 1901 lag die Obere Schleuse bei Km 125,84, die Mittlere Schleuse bei Km 127,03 und die Untere Schleuse bei Km 128,23. Mit diesen Bauwerken wurde auf einer Strecke von nur 2,39 Kilometer das Gefälle hinab zur Oder von mehr als 14,00 Meter überwunden.

Die drei Fürstenberger Schleusen wurden als Einkammer-Schleusen von je 55,00 Meter nutzbarer Länge, 8,20 Meter Breite an den Häuptern und 9,60 Meter Breite in den Kammern erbaut. Sie wurden zwischen Spundwänden auf Beton gegründet, erhielten massive, in Klinkern und Zementmörtel hergestellte Wände, Umläufe mit Klapp-schützen, Drempel und Wendenischen in Granit, sowie eiserne Stemmtore im Unterhaupt und hölzerne Klapptore als Obertore. Sie wiesen Fallhöhen von je 4,00–4,50 Meter auf. An jeder Schleuse entstanden Schleusenmeistergehöft, Dammbalkenschuppen und Schleusenwärterbude, sowie als Kanalübergang eine Straßenbrücke.

Da in der Scheitelhaltung durch die begrenzten Zuflüsse kein Wasserüberfluss herrschte, wurden die Schleusen in Fürstenberg auf besondere Weise ausgerüstet. Von der oberen Schleuse wurde Wasser in schmiedeeisernen, frostfrei verlegten Druckleitungen zu den beiden anderen geführt. Mittels einer ausgeklügelten Konstruktion von Windkesseln, Kraftsammlern und Stellvorrichtungen, Sicherheits- und Absperrventilen, Rohrleitungen, Ablass-hähnen, Druckzylindern und Bewegungsketten konnten so auch die Obertore und Klappschütze im Oberdrempel mit Wasserdruck betrieben werden.

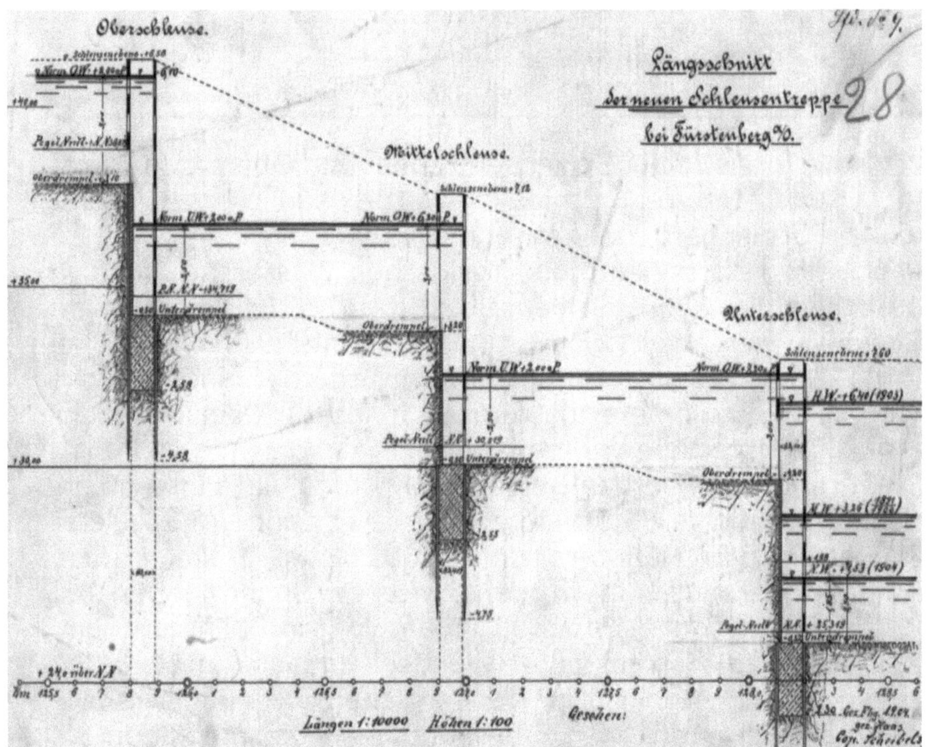

Längsschnitt der Schleusentreppe, 1904

Da ein Teil der Kanaltrasse als Dammstrecke ausgeführt wurde, in dem der Wasserspiegel über dem umgebenden Gelände lag, wurde auch vor der Oberen Schleuse Fürstenberg vorerst ein Sicherheitstor eingebaut. Da sich die Dichtigkeit der Dämme bewährte, wurde dieses später abgerissen und durch ein Nadelwehr ersetzt, um bei notwendigen Arbeiten an den Schleusen und dem Kanal den Abstieg trockenlegen zu können. Zwischen 1903 und 1906 wurden unmittelbar neben den schon bestehenden zweite Schleusenkammern errichtet. Aufgrund der noch weiter ansteigenden Verkehre bildeten sich bald wieder lange Warteschlangen an jeder Stufe der Schleusentreppe. Die Schiffer mussten zu Zeiten großen Andrangs mehrere Tage, manchmal sogar Wochen auf eine Schleusung warten. Dies verlängerte die Lieferzeiten der Waren teilweise erheblich und führte zu Eingaben der Kaufleute bei der Verwaltung.

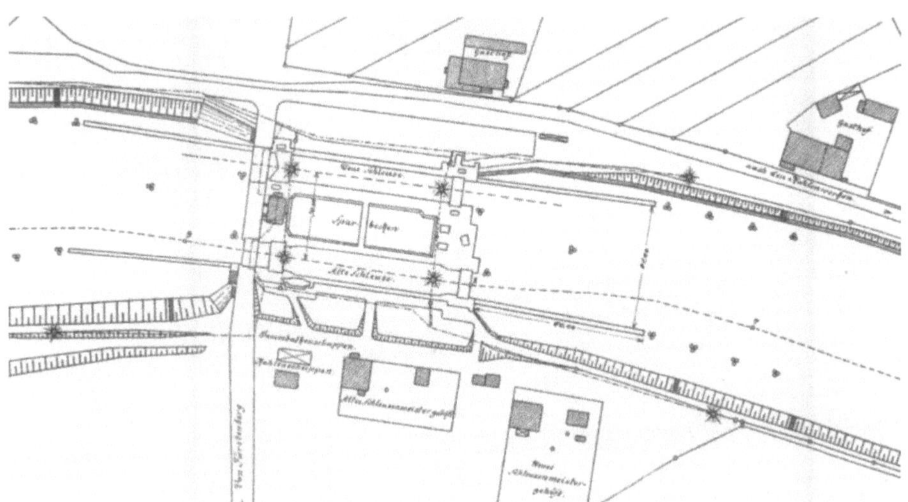

Bauzeichnung der zweiten Oberschleuse Fürstenberg, 1910

Eröffnung der zweiten Kammer der Unterschleuse Fürstenberg/Oder am 22.09.1906

Eröffnung der zweiten Kammer der Mittelschleuse Fürstenberg am 22.09.1906

Die Schleusen waren durch die vielen Verkehre überlastet und durch eine mangelhafte Bauplanung und -ausführung stark geschädigt.

Eine Zusammenfassung der Inspektionen der letzten Jahre zu einem Bericht anlässlich der Stilllegung des alten Kanalabstieges vom 06. Oktober 1937 ergab ein verheerendes Bild der Schäden:

„… als Ursache wurde eine Unterspülung des Bauwerks durch Wasseradern angesehen, die schließlich zu Hohlraumbildung unter der Sohle geführt hat. Die über den Hohlräumen liegenden Teile des Bauwerks setzten sich und führten zunächst, da die innere Längsspundwand den Setzungen nicht folgen konnte, zum Bruch der Sohle… In den Kammermauern waren die Risse, anscheinend durch das fortwährende pendelnde Arbeiten der Wand beim Füllen und Entleeren des Bauwerkes, teilweise so groß geworden,

daß man bequem vom Umlaufkanal nach dem Sparbecken hindurchsehen konnte... Es wurden laufend Besichtigungen der Schleuse vorgenommen und dabei weitere Setzungen des ganzen Bauwerks und erneute Rißbildungen festgestellt. Die Trockenlegung und Besichtigung der Schleuse im Juli 1921 ergab, daß die Zerstörungen, namentlich der Kammermauern, soweit fortgeschritten waren, das man immerhin mit einer Stillegung des Betriebes rechnen mußte... Das alles sind Fehler, die sich völlig durch keine, irgendwie geartete Maßnahme wieder gutmachen lassen. Der gesamte alte Abstieg ist also in seinem gegenwärtigen Zustande völlig unbrauchbar....".

Nachdem die 1929 fertiggestellte Zwillingsschachtschleuse sich bewährt hatte, wurde die Schleusentreppe als Ergebnis des oben aufgeführten Berichts nach einigen Sicherungsmaßnahmen umgehend aus dem Verkehr gezogen. Die nicht mehr benötigten Treidelanlagen wurden an die Südkammern der Schleusen Fürstenwalde und Kersdorf umgesetzt und sind dort bis heute in Benutzung.

In den 50er Jahren gingen die gesamten Flurstücke des alten Abstieges an die Stadt, die diese in die Stadtplanung mit einbezog. In seinem Umfeld wurden mehrere Wohnblöcke erbaut. Der Kanal wurde ab Anfang der 1950er Jahre zur Einleitung industrieller Abwässer des Eisenhüttenkombinats Ost (EKO) benutzt. Anfallende Schlämme aus der Gichtgasreinigung und aus weiteren Prozessen wurden bis 1969 eingespült. Niederschlagswasser der Stadt und Kühlwasser aus dem Kraftwerk der VEO werden auch weiterhin über ein offenes Gerinne in den alten Abstieg geleitet. An der Oberschleuse wurde dazu 2009 im Rahmen der Altlastensanierung des alten Kanalabstieges ein Sandfang als offenes Stahlbetonbecken am Ende der ehemaligen Schleusenkammer realisiert. Der verrohrte Zulaufkanal wurde verlängert und die Schleusenkammer bis zum neuen Becken verfüllt. Eine Arbeitsgruppe plant derzeit ein Sanierungskonzept für den Alten Abstieg.

Die Mittel- und Unterschleuse sind heute als Bauwerke noch vorhanden. Die Oberhäupter sind durch Beton versperrt und die Natur hat sich diese früher so stark genutzten Anlagen erobert.

Unterschleuse Fürstenberg, 2010
Foto: Autor

Sandfang in der ehemaligen Oberschleuse, 2010
Foto: Autor

Zwillingsschachtschleuse Fürstenberg Km 127,3

Luftbild: Ulrich Gerwin

Wegen der Schäden an den Schleusen der Schleusentreppe Fürstenberg und um den Verlust an Zeit und Wasser zu minimieren, entschloss sich das Reichsverkehrsministerium im Jahre 1921, den Übergang vom Kanal hinab zur Oder völlig neu zu gestalten. Mit dem Bau der Zwillingsschachtschleuse wurde am 1. August 1925 begonnen. Verbaut wurden 130.000 Kubikmeter Beton und 6.000 Tonnen Stahl. Am 1. November 1929 wurde die Zwillingsschachtschleuse Fürstenberg in Betrieb genommen. Zur Errichtung und der Ausrüstung der Schleuse ist in einem der vorangegangenen Abschnitte schon umfassend eingegangen worden.

Für das Jahr 1989 waren die Sanierung der Anlage und der Neubau eines Werkstattgebäudes geplant. Diese Pläne wurden kurz nach der Wende aufgegriffen und von 1990–1994 ausgeführt. Es wurden unter anderem neue Antriebe und elektrische Anlagen, sowie ein zentraler Steuerstand eingebaut. Der historische Steuerstand verblieb als Beispiel für die damals verbaute Technik erhalten und kann heute besichtigt werden.

Das gesamte Bauwerk ist aufgrund seiner Bedeutung in der Industriedenkmalliste des Landes Brandenburg aufgeführt und ein herausragendes Beispiel für die wasserbauliche Ingenieurskunst jener Zeit. Für wasserbaulich und technisch Interessierte lohnt es sich, einmal die durch die Wasser- und Schifffahrtsverwaltung angebotenen Besichtigungen zu nutzen und sich in der Ausstellung über die Bauwerke des Kanals und den damaligen Stand der Technik zu informieren. Bei der Besichtigung des Steuerstandes und der weiteren originalen Anlagen, z.B. der Schieber auf der Freifläche wird wasserbauliche Geschichte erlebbar.

Historischer Steuerstand Schachtschleuse
Foto: Autor

Nutzbare Abmessungen:

Nordkammer L x B:	130m x 12m
Südkammer L x B:	130m x 12m
Hubhöhe:	bei HSW der Oder 9,07m
	bei NSW der Oder 14,28m

Wassersport und (Wasser)-Tourismus

Wassersportvereine

„Wildwasser"-Kanuten am Wehr Große Tränke, 1970

Die Geschichte der Wassersportvereine der Region ist eng an die Geschichte des Oder–Spree–Kanals geknüpft.

Bereits im Jahr 1893 trafen sich acht Herren reiferen Alters zur Gründung des Fürstenwalder Ruder-Clubs e.V., der heute immer noch als Ruderclub Fürstenwalde e.V. existiert. Da gemäß den damaligen Satzungen des Deutschen Ruderverbandes nur Mitglied eines Rudervereins werden durfte, wer sein Einkommen nicht durch körperliche Arbeit bestritt, bzw. durch sein Aussehen als Arbeiter erkennbar war, bestand eine Vierermannschaft aus einem Uhrmachermeister, einem Bäckermeister, zwei Fleischermeistern und einem Ingenieur als Steuermann. In den Genehmigungen für Steganlagen und Nutzungen der Ufer aus der Zeit von 1900–1940 finden sich noch Hinweise auf viele weitere Wassersportvereine, die aber heute nicht mehr aktiv sind, u.a. der Arbeitersportverein und der Marineverein.

1950 glückte der Neuanfang des Ruder-Clubs, damals im heutigen Seglerheim am Werl in Bad Saarow. Der Umzug nach Fürstenwalde folgte dann schon 1951. Die über den Krieg geretteten Boote bildeten dann im Neuanfang die Grundlage für das Rudern. Mit Hilfe des Trägerbetriebes, dem Reifenwerk Fürstenwalde, konnte der Bootsbestand stetig erweitert werden. In der BSG Pneumant dann ab 1970 als Sektion Rudern geführt, holten die MitgliederInnen in den Jahren über 150 Medaillen und sogar Titel als Juniorenweltmeisterinnen und einen als Europameisterin. 1990 gründete sich der Club als Ruderclub Pneumant Fürstenwalde e.V. neu und nennt sich seit 2011 Ruderclub Fürstenwalde 1893 e.V. Die sportlichen Erfolge blieben danach nicht aus und so sind die Ruderer und Ruderinnen aus Fürstenwalde eine feste Größe bei den Ruderwettkämpfen in der Republik.

Auch in Fürstenberg wurde 1910 aufgrund der natürlichen Bedingungen mit dem Oder–Spree–Kanal und der Oder ein Ruderverein gegründet. Der heutige Ruderverein Fürstenberg/O. 1910 e.V. ging mit Gründungsdatum 01. Juli 1993 aus der seit 1975 bestehenden Abteilung Rudern der BSG Stahl Eisenhüttenstadt hervor.

In Eisenhüttenstadt ist auch das Kanucentrum 1957 Eisenhüttenstadt e.V. beheimatet, das 1992 als Verein eingetragen wurde. Der Kanu-Rennsport entwickelte sich seit 1957 in einer Sektion der BSG „Aufbau" und hat seitdem viele gute Ergebnisse im Kinder- und Jugendsport erreicht. Mit seiner Herauslösung aus der BSG steht der Verein seit 1992 auf eigenen Füßen. Heute unterstützt er den Landesstützpunkt bei seinen Aufgaben zur Förderung talentierter Nachwuchssportler und pflegt den Kinder- und Jugendsport in den Wettkampfdisziplinen Kanu-Rennsport und Kanu-marathon-Rennsport.
Auch der Nachfolger der BSG „Aufbau" ist noch aktiv. Die Mitglieder der Abteilung Kanu-Wandern der SG Aufbau Eisenhüttenstadt paddeln jährlich viele Kilometer auf den Wasserstraßen der Republik.

Die BSG Pneumant e.V. in Fürstenwalde ist der mitglieder-
stärkste Sportverein in Brandenburg und natürlich auch auf
dem Wasser aktiv. Die „PneumantDragon", die Sektion
Drachenboot der BSG, feierten seit der Gründung 2001 viele
Erfolge und organisiert alljährlich seit 2002 den FüwaRace.
Bei diesem Rennen treten bis zu 40 Teams gegeneinander
an und bringen das Wasser der Spree in Fürstenwalde zum
Kochen.

FüwaRace: Binnenschiff und Drachenbootteam auf der Fürstenwalder Spree
Foto: BSG WSA Berlin e.V.

In Eisenhüttenstadt beheimatet ist der einzige
Motorbootclub auf der Strecke von Wernsdorf bis zur Oder,
der Motoryachtclub Eisenhüttenstadt e.V. (kurz MYCEH).
Der Heimathafen des Clubs ist der Mielenzhafen bei
Km 125,1. Dieser Hafen wurde beim Bau des Kanals 1891
von den Niederlausitzer Kohlenwerke AG für den Transport
ihrer Erzeugnisse errichtet. Nach Übernahme der Kohlenwerke durch die Märkische Elektrizitätswerk AG im Jahr
1927 wurde er an das Niederlausitzer Umschlag- und
Schiffskontor Adolf Mielenz verpachtet. Nach dem Krieg
diente er noch als Umschlaghafen für Baumaterialien und
wurde dann 1967 das Domizil für die Boote des heutigen

MYCEH e.V. Bootsfahrer auf dem Weg nach Berlin und zur Oder sind hier als Gäste herzlich willkommen und können vom Vereinsgelände aus auf kurzem Wege die Planstadt Eisenhüttenstadt erkunden.
Diese Beispiele zeigen den gestiegenen Freizeitwert der Wasserstraße. Die Ausübung dieser Sport- und Freizeitaktivitäten ist auch durch die gegenseitige Rücksichtnahme von Berufsschiffern und Sportlern gut möglich.

Motorisierter Sportbootverkehr

Der Oder–Spree–Kanal wird jährlich von über zweitausend Sportbooten befahren (Schleusungszahlen Schleuse Fürstenwalde 2000–2015).
Die Tendenz ist seit Jahren leicht steigend. Der Kanal wird unter anderem als Zubringer von Berlin aus zum Wassersportrevier am Schwielochsee, für Fahrten zur Oder und den polnischen Revieren, sowie für Fahrten innerhalb der Wasserstraße genutzt. Die Infrastruktur für Wasserwanderer kann und muss in einigen Orten noch verbessert werden. Die wassertouristische Entwicklung ist bisher leider nur zögerlich verlaufen. Hier könnten die Gemeinden durch Investitionen in die Infrastruktur den Wassertourismus als wirtschaftlichen Faktor nutzen. Ein Anfang ist 2014 mit einer einheitlichen wassertouristischen Beschilderung entlang der Wasserstraßen gemacht worden, die auf Nah- und Fernziele und Angebote für Landgänge hinweist.
Sportboot-Vermieter finden sich im Vergleich zu anderen Regionen nur wenige zwischen Wernsdorf und der Oder, zum Beispiel in Fürstenwalde, Müllrose und Eisenhüttenstadt. Hier ist es möglich, einmal die Faszination einer Fahrt auf der Wasserstraße zu spüren. Vielleicht wird daraus ja eine große Leidenschaft.

Seit einigen Jahren ist die Spree–Oder–Wasserstraße von Km 45,11 (Einfahrt Oder–Spree–Kanal vom Seddinsee) bis Km 130,16 (Einmündung in die Oder) als Charterschein-Revier in der Binnenschifffahrtsstraßenordnung geführt. Das heißt, dass für das Mieten von Hausbooten kein amtlicher Sportbootführerschein benötigt wird. Die Vermietfirmen stellen dem Mieter eine sogenannte Charterbescheinigung aus. Dies setzt eine Überprüfung der Befähigung des Sportbootführers für das jeweilige Sportboot und die zu befahrende Wasserstraße und eine gründliche Einweisung voraus.

Diese für die Förderung des Tourismus in der Region nach-vollziehbare Entscheidung kann aber nur funktionieren, wenn die Mieter der Hausboote die Regeln auf der Wasser-straße und das Verhalten in Schleusen kennen. Die windan-fälligen und untermotorisierten „Flöße" und Hausboote sind gerade für Fahranfänger oftmals nicht leicht zu führen. Gerade auf den Strecken, auf denen auch Binnenschiffe verkehren und Schleusen passiert werden müssen, sind Umsicht und Erfahrung nötig. Hier sind nun die Vermieter und Mieter gefragt, diese Freiheit auf dem Wasser verant-wortungsbewusst zu genießen.

Berlin–Oder–Umfahrt

Durch ihren Rundtourencharakter und die Fahrt durch Berlin wird die Berlin–Oder–Umfahrt für Boots-urlauber immer attraktiver.

Für die gut 340 Kilometer lange Tour über Spree, Oder–Spree–Kanal, Oder, Finow-Kanal und Havel sollten sich Urlauber gut zwei Wochen Zeit nehmen. Für die Fahrt auf der Oder sollte aber aufgrund der Strömung und der wech-selnden Wasserständen Bootserfahrung vorhanden sein. Die Mischung aus Berlin, der Fahrt auf historischen

Wasserstraßen mit beeindruckenden Bauwerken, wie der Zwillingsschachtschleuse Eisenhüttenstadt und dem Schiffshebewerk Niederfinow, und auf einer in weiten Teilen naturbelassenen Flusslandschaft machen diese Umfahrt zu einer lohnenswerten Tour. Entlang der gesamten Strecke gibt es in ausreichenden Abständen Häfen, die zu einem Landgang oder einer Übernachtung einladen. Am Oder–Spree–Kanal sind das beispielsweise Fürstenwalde, Müllrose und Eisenhüttenstadt. Mehr Informationen dazu gibt es beim Tourismusverband Seenland Oder-Spree e.V. oder den örtlichen Tourismusvereinen.

Fahrgastschifffahrt / Flusskreuzfahrten

In den 20er und 30er Jahren des vorigen Jahrhunderts gab es neben der Berufsschifffahrt vermehrt auch Schiffe, die Fahrgäste aufnahmen.
Diese Fahrten fanden hauptsächlich an den Wochenenden statt. Daraus entwickelte sich eine regelrechte Ausflugskultur. Die Leute wollten am und auf dem Wasser sein. Es wurden Ausflugsdampfer gebaut, die auf dem Oder–Spree–Kanal die Orte anfuhren. Überall entlang des Kanals entstanden Ausflugslokale, an denen die Schiffe anlegten und die Ausflügler den Tag verbringen konnten. Für weniger Betuchte boten die Lokale separate Bereiche, in denen das selbst mitgebrachte Essen verzehrt werden konnte.
Nach dem Krieg gab es erst in den 60er Jahren wieder einzelne Fahrten. Aufgrund der Nachfrage gab es jedoch bald darauf wieder regelmäßig verkehrende Schiffe, die Anleger in Fürstenwalde, Müllrose und Eisenhüttenstadt bedienten und bis zur Wende fuhren. Kaffee-, Rund- und Mottofahrten standen auf dem Programm.
Nach 1990 gab es noch einzelne private Reeder, die Fahrten auf dem Oder–Spree–Kanal anboten. Derzeit gibt es keine regelmäßig stattfindende Fahrgastschifffahrt auf dem Kanal.

Flusskreuzfahrtschiffe verkehren nur selten auf dem Oder–Spree–Kanal. Dies liegt hauptsächlich an den Maßen dieser Schiffe, die nicht durch die Schleuse Fürstenwalde passen. Fahrten mit kleineren Schiffen, zum Beispiel umgebauten Penichen, und Kombitouren mit einem Fahrgastschiff und Hotelübernachtungen werden aber durchgeführt und haben Liebhaber gefunden.

Kreuzfahrtschiffe, die regelmäßig über den Oder-Havel-Kanal und der Oder zwischen Berlin und Breslau verkehren, halten regelmäßig in Eisenhüttenstadt am neu gebauten Anleger am Bollwerk.

Mit Fördermitteln der Europäischen Union wurden 2013 in einem grenzüberschreitenden Projekt zwei Fahrgastschiffe für Fahrten auf der Oder gebaut. Die „Laguna" und die „Zefir" fahren nach einem festen Fahrplan zwischen den an der Oder gelegenen Orten und können auch für Charterfahrten gebucht werden.

Auszug aus dem Fahrplan 1988
Quelle: Michael Reh

Der letzte Hafen des Schleppers „Hedwig"

In einem von der Spree abgeschnittenen Altarm bei Streitberg liegt der verrostete Überrest eines Dampfschleppers mit dem Schiffsnamen „Hedwig".

Die folgenden Informationen stammen mit freundlicher Genehmigung von der Seite www.ddr-binnenschifffahrt.de .

Der dampfbetriebene Schlepper lief 1903 mit einer Länge von 22,78 Meter, einer Breite von 4,64 Meter und einem Tiefgang von 1,48 Meter bei der Werft Gebrüder Wiemann in Brandenburg vom Stapel. Der Eigner Andreas Bittkow taufte es auf den Namen „Walter", der Heimathafen war Dorotheenhof. 1913 wechselte der Schlepper zu August Krankow mit Heimathafen Woltersdorf. 1916 wurde er von der Zentral-Einkaufsgesellschaft Berlin für den Donau-Einsatz eingezogen und umbenannt in „Warnow". Am 27.08.1916 wurde der Kriegsschlepper durch rumänische Truppen versenkt. Anfang 1917 wieder gehoben, wurde er ab September 1918 zur Donau-Wachflotte verlegt. Ab 1919 fuhr er wieder in Deutschland; der Eigner ist nicht bekannt. Seit 1958 fuhr er unter dem Namen „Hedwig" mit dem Eigner H. Schneider aus Langewahl, Ortsteil Streitberg. 1962 wurde er dann nach dem Tod des Eigners außer Fahrt

„Hedwig", 1957
Foto: www.ddr-binnenschifffahrt.de

genommen und im Altwasserarm nahe dem Ort Streitberg abgestellt. Dieser Arm wurde Mitte der 60er Jahre durch Einbau eines Wehres abgesperrt und somit die „Hedwig" für immer gefangen. Der stolze Dampfer wurde nunmehr ein auf der Wiese stehendes Relikt, durch Vandalismus zerstört und 1984 als "herrenlos" eingestuft.

Auch heute noch kann es aus der Ferne besichtigt werden; das Betreten ist jedoch nicht mehr möglich.

Die „Hedwig" im Altwasser, ca. 1980
Foto: www.ddr-binnenschifffahrt.de

Letzte Ruhestätte bei Streitberg, 2014
Foto: Autor

Unterwegs im Kanu oder im Ruderboot

Paddler und Ruderer finden entlang der Spree–Oder–Wasserstraße und den angrenzenden Gewässern gute Bedingungen.

Es gibt mittlerweile auch einige Vermietfirmen in der Region, die Kanus zu einem annehmbaren Preis vermieten und die die Kanus zu einem verabredeten Startpunkt bringen und am Ziel wieder abholen.

Von Müllrose aus ist eine kleine Paddeltour über den Katharinengraben in den Katharinensee möglich.

Die Strecke von Km 88 (Mündung der Drahendorfer Spree) bis Km 69 (Abzweigung der Müggelspree in Große Tränke) ist ein Teil der gut 180 Kilometer langen „Märkischen Umfahrt". Auf dieser Rundtour über Spree, Oder–Spree-Kanal, Müggelspree und Dahme sind jährlich viele Paddler und Ruderer unterwegs und erleben die Naturidylle und verschiedenen Schleusenarten auf den Flüssen und Kanälen Ostbrandenburgs. Weitergehende Informationen erhält man beim Tourismusverband Seenland Oder-Spree e.V. in Bad Saarow und den örtlichen Tourismusvereinen.

In den letzten Jahren sind entlang der Strecke der Spree einige Wasserwanderplätze gebaut worden, die gut genutzt werden (aber vom Standard her verbessert werden können). Für einen Tagesausflug auf Oder–Spree-Kanal und Spree empfehle ich die nachfolgend beschriebene Rundtour. Neben dem Wasserbau hat meine Familie noch ein Hobby: die Wasserstraßen der Region mit dem Kanadier/Kajak zu befahren. Ich möchte das Buch daher nutzen, hier eine 25-Kilometer-Runde über Oder–Spree-Kanal und Spree vorzustellen, die ohne logistischen Aufwand einfach nur Spaß macht. Er ist für die Fahrt mit dem eigenen Boot bestens geeignet; natürlich kann man sich auch bei einem regionalen Vermieter ein Kanu anmieten und nach Kersdorf liefern lassen.

Die Kanal-Spree-Runde für Paddler

Nadelwehr Neubrück, 2014
Foto: Autor

Viele Paddler kennen das; Start und Ziel einer Paddelroute sind „ein Stück" voneinander entfernt.
Bei den meisten Touren wird daher ein logistischer Aufwand notwendig, um wieder zu seinem Auto zu kommen. Bei dieser Rundtour ist der Aufwand nicht notwendig... Der Beginn (und damit auch das Ziel dieser Runde) ist am einfachsten von der Schleuse Kersdorf zu realisieren.

Einstieg vom Schwimmsteg im Unterwasser der Schleuse Kersdorf
Foto: BSG WSA Berlin e.V.

Bei der Verlängerung der Nordkammer wurden gleich auch für Sportboote optimale Bedingungen geschaffen. Im Unterwasser findet sich eine Schwimm-, im Oberwasser eine feste Steganlage, beide mit abgesenkten Bereichen für Kanus und Rollen als Einsetzhilfe. Die Kanus können an den Stegen abgeladen werden, geparkt werden sollte auf einer Freifläche von der Autobahn BAB 12 kommend rechts vor der Schleusenbrücke.

Wenn die Boote zu Wasser gelassen und gepackt sind, kann der sportliche Teil der Runde beginnen. Je nachdem, ob die Fahrt im Unter- oder Oberwasser beginnt, folgt nun eine Schleusung (rund 20 Minuten). Das kann aber jeder Paddler selbst entscheiden...

Nach der Schleusung wird der Oder–Spree–Kanal Richtung Eisenhüttenstadt befahren. Die Fahrt geht rund 5,5 Kilometer in stehendem Wasser von Km 89 (Schleuse Kersdorf) bis zur Einfahrt in den Neuhauser Speisekanal bei Km 96. Mathematiker unter den Lesern wundern sich jetzt bestimmt über die falsche Berechnung der zu paddelnden Kilometer... Hier ist die Erklärung: in den 1970ern wurde der Kanal begradigt, die alten – nicht mehr befahrbaren – Fahrten erkennt man immer noch in Fahrtrichtung rechts. Die historische Kilometrierung blieb aber auch in den Durchstichen erhalten, so gibt es also jetzt „kurze Kilometer", die zum Teil nur 300 Meter lang sind. Die Strecke ist zwar relativ geradlinig, aber nicht langweilig. Wer seine Augen aufhält, kann viele Tiere und Tierspuren am Ufer entdecken. Der Biber leistet hier ganze Arbeit, seine Spuren an den Bäumen überall zu finden.

Interessant ist ein kurzer Stopp bei Km 92. Hier ist die Drahendorfer Spree am Fuß des Kanaldammes nur rund vierzig Meter entfernt. Wer nur eine kurze Tour fahren möchte, könnte hier umsetzen und sich 15 Kilometer sparen. Er verzichtet aber auch auf einige interessante wasserbauliche Anlagen und Strecken der Spree.

Wer die gesamte Runde paddeln möchte, fährt bei Km 96 in

den 2,7 Kilometer langen Speisekanal. Wie in diesem Buch schon beschrieben, ist er einer der ältesten noch genutzten künstlichen Wasserstraßen in Brandenburg (ehemaliger Kaisergraben). Alter Baumbestand steht links und rechts vom Kanal, die Kanus gleiten in kurzer Höhe über den Wasserpflanzen und auch hier finden sich viele Biberspuren an den Ufern. Nachdem der Wald sich lichtet, kommt nach der letzten Biegung die markante Zugbrücke vor der Schleuse Neuhaus in Sicht. Paddler können nach Aufforderung durch das Schleusenpersonal unter der Brücke durchfahren, ohne dass sie angehoben werden muss.

Vom Oberwasser geht es nun je nach Wasserstand der Spree bis zu 1,50 Meter hinunter. Die Untertore öffnen sich und geben den Blick auf den schilfumsäumten Wergensee frei. In einiger Entfernung ist halbrechts eine Ausfahrt zu erkennen. Nach der Überquerung des Sees folgt man nach rechts der Strömung der Spree. Kurz vor uns ist eines der letzten Nadelwehre in Brandenburg zu sehen, sowie eine kleine Sportbootschleuse, die in Selbstbedienung zu passieren ist. Dieses historische Nadelwehr soll in den nächsten Jahren leider zugunsten eines neuen Wehres abgerissen werden. Die Schleuse soll im Rahmen dieser Maßnahme saniert werden.

Bei niedrigen Wasserständen gestaltet sich das Aus- und Einsteigen etwas schwierig; dafür gibt es das Erlebnis, einmal Schleusenwärter auf einer über 100 Jahre alten Schleuse mit Schiebetoren zu sein. Beim Schleusen aber bitte den richtigen Ablauf beachten…

Von Spätherbst bis zum Frühjahr ist das Nadelwehr übrigens auf den Grund der Spree niedergelegt, um

In der Schleuse
Foto: Autor

Schäden durch Eisdruck zu verhindern. Die Nadeln sind am Ufer aufgestapelt. Das heißt, der Bereich kann ohne Schleusung befahren werden.

Nachdem die Schleuse passiert ist, beginnt mit Hilfe der Strömung, die je nach Anzahl der ins Nadelwehr gestellten Nadeln (Holzbalken), mehr oder weniger stark ausfällt, die Fahrt auf der idyllischen Drahendorfer Spree mit ihren mäandernden Schleifen.

Nach einer kurzen Strecke wird der Ort Neubrück erreicht. Hier kann angelegt werden und in der direkt am Wasser gelegenen Eisdiele pausiert werden. Nach Verlassen des Ortes ist man rund 10 Kilometer wieder mitten in der Natur. Links und rechts Schilf, Wiesenabschnitte mit alten Bäume, Biberspuren, Reiher und Eisvogel fliegen eine Zeitlang vor uns her – hier kommen Naturliebhaber voll auf ihre Kosten. Durch Biber gefällte Pappeln, die wie ein riesiges Mikado-Spiel übereinander liegen; Uferabbrüche mit Nisthöhlen des Eisvogels, Libellen, die kurz über der Wasseroberfläche gleiten und die sanfte Strömung, auf der man sich auch mal treiben lassen kann => hier wird man auf eine schöne, naturnahe Art entschleunigt.

Der Ort Drahendorf kommt in Sicht, in dem es leider keine öffentliche Anlegestelle gibt, um eine kleine Rast einlegen zu können. Nach Durchfahren des Ortes wird ein weiteres Nadelwehr erreicht. Hier gibt es keine Schleuse, sondern eine Bootsschleppe mit einem schienengeführten Wagen. Der Aus- und Einstieg ist bei geringen Wasserständen wieder etwas schwierig, mit dem Wagen schafft man aber auch beladene Kanus problemlos ins Unterwasser.

Der Einstieg im Unterwasser des Wehres ist geschafft und nach knapp 500 Meter die Spree–Oder–Wasserstraße bei Km 88 erreicht. Gegenüber der Mündung der Drahendorfer Spree ist auf einem Hochufer das Forsthaus an der Flut zu sehen. Hier wurden ab 1980 die mit Hilfe des Ministeriums für Staatsicherheit in die DDR abgesetzten RAF-Mitglieder einquartiert und bekamen neue Identitäten für ihr Leben in den Städten der DDR. Heute hat dort ein regionales Event-Unternehmen seinen Sitz.

Nach gut einem Kilometer in östlicher Richtung ist wieder der Schwimmsteg im Unterwasser der Schleuse Kersdorf erreicht.

Fazit:
Eine abwechslungsreiche Runde auf Kanal- und Flussabschnitten mit interessanter wasserbaulicher Geschichte, mehreren Schleusen und ganz viel Natur
Zeitaufwand: je nach Kondition 5–7 Stunden

Das Resümee (ein Versuch)

Schubverband im Unterwasser der Schleuse Fürstenwalde/Spree
Foto: Autor

Die nachfolgenden Ansichten stellen die persönliche Meinung des Autors dar! Ihr muss nicht – kann aber gerne – gefolgt werden...
Der Bau des Oder–Spree–Kanals war ein Großprojekt, das den damaligen Stellenwert von Transporten auf den Wasserstraßen zeigt. Millionen von Tonnen wurden per

Schiff transportiert, um beispielsweise Baustoffe für den Aufbau Berlins zu liefern und Waren aller Art in großen Mengen preisgünstig bewegen zu können. Und für diese Art des Verkehrs wurde Infrastruktur in Form von Kanälen und ausgebauten Wasserstraßen geschaffen. Die heutige Verkehrsinfrastrukturpolitik konzentriert sich leider eher auf die anderen Systeme Straße und Schiene. Dabei kann der Schiffstransport als umweltfreundlichster Verkehrsträger auf an heutige Schiffsgrößen angepassten Wasserstraßen und wasserbaulichen Anlagen ein wertvoller Beitrag zu Entlastung der überfüllten Straßen und Schienen sein.

Die 1924 und 1966 vorgeschlagene „große Lösung" mit dem Wegfall der Schleuse Fürstenwalde ist nach den bereits erfolgten Verlängerungen der Schleusen in Wernsdorf und Kersdorf, sowie des Neubaus des Wehres in Große Tränke in näherer Zukunft nicht mehr realistisch und als unwirtschaftlich einzuschätzen. Auch aus Sicht des Umweltschutzes und wegen der Auswirkungen auf die zwischen Kersdorf und Wernsdorf liegenden Gemeinden und Flächen ist ein solcher Eingriff heute nicht mehr denkbar.

Mit der Kategorisierung der Bundeswasserstraßen im Rahmen der Reform der Wasser- und Schifffahrtsverwaltung wurde der Oder–Spree–Kanal als Nebenwasserstraße eingestuft. Damit wurden der geplante Neubau der Schleuse Fürstenwalde, und damit die Anpassung der Wasserstraße an die heute verkehrenden Schiffsgrößen gestoppt. Nach den in den letzten Jahren erfolgten Maßnahmen für die Verbesserung der Bedingungen für die Schifffahrt und den Verlängerungen der Nordkammern der Schleusen in Wernsdorf und Kersdorf wäre dies eine der letzten großen Investitionen in diese Wasserstraße gewesen. Die Lebensdauer der 1891 und 1904 gebauten Schleusen wurde seinerzeit mit 80–100 Jahren angesetzt und haben diese heute weit überschritten. Mit den derzeit rund 67 Meter nutzbaren Längen in Fürstenwalde limitieren sie somit den gesamten Schiffsverkehr zwischen der Oder – und damit

Polen – und dem westdeutschen Kanalnetz mit den europäischen Nachbarn.

Die Wasserstraße wird derzeit von 67-Meter-Schiffen (dem sogenannten Groß-Plauer Maßkahn) und Schubverbänden mit maximal erlaubten 125 Metern Gesamtlänge befahren (erlaubt gemäß BinSchStrO von Km 44–121). Die Schubverbände müssen in Fürstenwalde arbeits- und zeitaufwändig entkoppelt und einzeln geschleust werden. Da die Schubleichter nicht für alle Ladungsarten und -ziele geeignet sind, werden derzeit noch gut 50 Prozent mit Motorgüterschiffen transportiert. Der Groß-Plauer Maßkahn wurde aus dem Plauer Maßkahn entwickelt, der 1886 als Binnenschiffsmaß standardisiert wurde. Dementsprechend alt ist ein Großteil der heute noch fahrenden Schiffe dieses Typs; die Anzahl ging in den letzten Jahren immer mehr zurück. Heute üblichen Schiffsgrößen von 80 Meter und 110 Meter wird die Befahrung durch die Länge der Schleuse Fürstenwalde verwehrt. Da größere Schiffe durch das höhere Ladungsvolumen wirtschaftlicher zu betreiben sind, wurden/werden 67-Meter-Schiffe durch Einsetzen von Segmenten verlängert. Es ist daher nur eine Frage der Zeit, wann es durch Stilllegung oder Verlängerung kein Schiff dieser Klasse geben wird. Aus diesem Grund wird auch eine Überprüfung der Kategorie alle fünf Jahre für die Spree–Oder–Wasserstraße zu keinem anderen Ergebnis kommen können. Zum jetzigen Zeitpunkt würden die derzeitig transportierten Tonnen eine höhere Kategorie rechtfertigen.

Aus dem historischen Teil dieses Buches ist zu entnehmen, dass sowohl der Friedrich–Wilhelm–Kanal, als auch der Oder–Spree–Kanal nach ihrer Fertigstellung zweimal erweitert werden mussten. Darüber heißt es in einer Denkschrift:

„… *Der Mangel an Voraussicht hatte zur Folge mehrmalige Umbauten, sehr erhebliche Kosten und herbe Kritik in Öffentlichkeit und Fachkreisen.*".

Um den Verkehrsträger Spree–Oder–Wasserstraße auch in

Zukunft wettbewerbsfähig gegenüber der Schiene und Straße zu halten, beziehungsweise Verkehre von den bereits überfüllten Landstraßen und Autobahnen umzuleiten, ist ein Neubau der Schleuse Fürstenwalde einfach eine Notwendigkeit. Es bleibt zu hoffen, dass im Sinne einer qualifizierten Beendigung von Maßnahmen die komplette Durchgängigkeit der Spree–Oder–Wasserstraße angestrebt wird.
Politik und Wirtschaft sollten in diesem Sinne Lösungswege suchen und – auch unter Prüfung alternativer Finanzierungsmodelle – schnellstmöglich eine für alle akzeptable Lösung finden.

Ein – sehr optimistischer – Blick in die Zukunft

Die Logistikbranche, unabhängig vom Verkehrsträger, braucht eine verlässliche, zukunftsweisende Infrastrukturpolitik.
Nachdem die Bundespolitik nach massiven Interventionen durch die Wirtschaft und der Landespolitik erkannt hat, dass nur ein Neubau der Schleuse Fürstenwalde die Zukunft für die Berufsschifffahrt in der Region sichern kann, wird der Bau in Fürstenwalde durchgeführt. Eine Schleusenkammer von 130 Meter Länge und 12 Meter Breite im ehemaligen oberen Vorhafen auf der Südseite lässt die Schifffahrt nun ohne Probleme die Wasserstraße befahren und stellt auch für zukünftige Verkehre eine vernünftige Größe dar. Gleichzeitig entsteht zwischen Schleuse und der Mitte der Stadt eine Landfläche, die von Fürstenwalder Wassersportvereinen für Bootshäuser und einer kleinen Marina für den Wassertourismus genutzt wird.
Nachdem die letzten Brücken über den Oder–Spree–Kanal angehoben worden sind, können nun auch Schiffe mit großen Stückgütern und Containern die Wasserstraße befahren.

Durch die verbesserten Bedingungen siedeln sich in der Region Firmen an, die ihre Waren auf dem Wasserweg transportieren. Auch die schon bestehenden Firmen investieren wieder und verlagern aufgrund der überlasteten Schienen- und Straßennetze ihre Transporte zurück auf das Wasser und nutzen das kostengünstige, umweltfreundliche Binnenschiff.

Die Oder hat durch ein ausgewogenes Wassermanagement an weitaus mehr Tagen im Jahr schiffbare Wasserstände. Außerdem wurden nach einem europaweit ausgeschriebenen Wettbewerb Schiffsbehälter gebaut, die weniger Tiefgang benötigen. Diese transportieren wirtschaftlich Massen- und Stückgüter, sowie Container über die Oder und die angrenzenden Kanäle.

Wie gesagt – ein sehr optimistischer Blick…

Schubverband im Oder–Spree–Kanal, km 108
Foto: Autor

Anhang 1: Auflistung der Bauwerke am Friedrich–Wilhelm–Kanal in aufsteigender Kilometrierung

beginnend an der Abzweigung aus dem Oder–Spree–Kanal bei Km 105,86

Stand 1911, 1940

Rechtes Ufer	Km	Linkes Ufer
Ortslage Schlaubehammer	0,60	Ortslage Schlaubehammer
	0,60 Schleuse Schlaubehammer	
Wegebrücke	0,60	Wegebrücke
	1,37 Schleuse Hammerfort	
Fußgängerbrücke	1,37	Fußgängerbrücke
	2,60	Ablage
	3,00	Ortslage Weißenspring
	3,12 Schleuse Weißenspring	
Fußgängerbrücke	3,12	Fußgängerbrücke
	3,90	Ablage
Ablage	4,70	
Ortslage Unter Lindow	4,80	Ortslage Ober Lindow
	4,82 Schleuse Lindow	

Rechtes Ufer	Km	Linkes Ufer
Straßenbrücke	4,82	Straßenbrücke
	5,72	Klixmühle Abzweigung der Schlaube; Pegel
	6,45 Schleuse Weißenspring	
Fußgängerbrücke	6,45	Fußgängerbrücke
Ladestelle	6,90	
Ladestelle	7,00	
Ortslage Finkenheerd	7,47	Ortslage Finkenheerd
	7,47 Schleuse Finkenheerd	
Straßenbrücke	7,47	Straßenbrücke
Eisenbahnbrücke	7,60	Eisenbahnbrücke
	9,63 Schleuse Brieskow	
Wegebrücke	9,63	Wegebrücke
	9,70 Brieskower See	
Ortslage Brieskow	9,80	
Wegebrücke	9,80	Wegebrücke
Umschlagstelle	10,20	
	11,00	Mündung des Oderwassergrabens
	12,90 Schiffersruh, Mündung in die Oder bei Km 576,7	

Anhang 2: Auflistung der Bauwerke am Oder–Spree–Kanal in aufsteigender Kilometrierung

kursiv: ehemalige Bauwerke, z.B. kriegszerstörte Brücken, zugeschüttete Häfen, nicht mehr genutzte Anlagen

Stand: *1911, 1940*, heute

Rechtes Ufer (Nordufer)	Km	Linkes Ufer (Südufer)
Leuchtfeueranlage Einfahrt OSK	45,10	
Gedenkstein „Oder–Spree–Kanal"	45,10	
	45,15	Leuchtfeueranlage Einfahrt OSK
Gosener Straßenbrücke	*45,50*	*Gosener Straßenbrücke*
Fußgängerbrücke	46,60	Fußgängerbrücke
Kreuzung Wernsdorfer See	47,10	Kreuzung Wernsdorfer See
	47,30	Liegestelle Berufsschifffahrt
Liegestelle Berufsschifffahrt	47,40	
Wartestelle Sportschifffahrt	47,44	
Wernsdorfer Straßenbrücke	47,60	Wernsdorfer Straßenbrücke
Schleusenbrücke	47,60	Schleusenbrücke
Nordkammer Schleuse Wernsdorf	47,60	Südkammer Schleuse Wernsdorf
	47,75	Wartestelle Sportschifffahrt

Rechtes Ufer (Nordufer)	Km	Linkes Ufer (Südufer)
	47,80	Liegestelle Berufsschifffahrt
Sicherheitstor	*47,90*	*Sicherheitstor*
Liegestelle Berufsschifffahrt	48,05	Liegestelle Berufsschifffahrt
	50,20	Ablage Krumme Luch
Autobahnbrücke BAB 10	51,70	Autobahnbrücke BAB 10
Forstablage Stahlberg	52,00	
Neuzittauer Straßenbrücke	*52,20*	*Neuzittauer Straßenbrücke*
	52,60	*Wendestelle*
	53,60-54,00	Liegestelle Berufsschifffahrt
Triebscher Wegebrücke	*54,70*	*Triebscher Wegebrücke*
Försterei Triebsch	54,60	Forstablage Triebsch
Düker Alt – Hartmannsdorf	56,63	Düker Alt – Hartmannsdorf
Hartmannsdorfer Wegebrücke	*56,82*	*Hartmannsdorfer Wegebrücke*
	57,00	Ortslage Hartmannsdorf
Ortslage Latzwall	58,30	Ortslage Latzwall
Düker	58,96	Düker
	59,20-60,10	Ortslage Spreenhagen
Spreenhagener Straßenbrücke	59,86	Spreenhagener Straßenbrücke
Beginn des Bereiches: Außenbezirk Fürstenwalde/Spree	60,00	Beginn des Bereiches: Außenbezirk Fürstenwalde/Spree
	60,00	*Ablage*
Einfahrt zum ehemaligen Müllhafen	60,13	

Rechtes Ufer (Nordufer)	Km	Linkes Ufer (Südufer)
	60,10-61,60	Liegestelle Berufsschifffahrt
	61,20	*Kiesgrube*
	63,65	Forstablage Dolenz
	63,70	*Ablage*
Bullerbrücke	*63,83*	*Bullerbrücke*
	64,55-65,80	Halbinsel Braunsdorf
	64,55	Einmündung Altarm
	65,80	Abzweigung Altarm
Wegebrücke Braunsdorf	*65,87*	*Wegebrücke Braunsdorf*
	66,00-66,30	Ortslage Braunsdorf
Ablage	*66,00*	
Straßenbrücke Große Tränke	68,70	Straßenbrücke Große Tränke
Schleusenbrücke Große Tränke	*68,75*	*Schleusenbrücke Große Tränke*
Kammerwand ehemalige Schleuse Große Tränke	68,75	
Betriebshafen (ehemalige Müggelspree)	68,9	
Abzweigung Müggelspree mit Wehr Große Tränke und Bootsschleppe	69,05	
	69,10	*Ablage Große Tränke*
	69,35	*Kiesschurre*
Abzweigung Altarm Kleiner Weißer Berg	69,60	
Ablage Kleiner Weißer Berg	69,80	

Rechtes Ufer (Nordufer)	Km	Linkes Ufer (Südufer)
Einmündung Altarm Kleiner Weißer Berg	70,30	
	70,50	Abzweigung Altarm
	70,60	*Ablage Kleine Tränke*
	71,20	Einmündung Altarm
Einmündung Altarm	71,25	
Abzweigung Altarm	72,00	
Einfahrt ehemaliger Pintschhafen mit Brücke	72,40	
Ablage, Steinerweg	*72,50*	
Stadtgebiet Fürstenwalde/Spree	73,00-77,00	Stadtgebiet Fürstenwalde/Spree
Ladestelle	*73,15*	
Ladestelle Altstadt	*73,35*	
Steganlage Ruderclub Fürstenwalde e.V.	73,50	
Altstadthafen (verfüllt)	*73,53*	
Sportbootanleger „Haus am Spreebogen"	*73,55*	
Personenfähre	*73,58*	*Personenfähre*
Altstadtbrücke (Fußgänger, Radfahrer)	73,60	Altstadtbrücke (Fußgänger, Radfahrer)
Kohleschüttvorrichtung	*73,80*	
Liegestelle Berufsschifffahrt	73,80-74,10	
Ladestelle	*74,12*	
Ablage an der Gasanstalt	*75,25*	
	74,28	*Ladestelle*
	74,40	*Ladestelle / Ablage Braunsdorfer Straße*
Straßenbrücke Fürstenwalde	74,46	Straßenbrücke Fürstenwalde

Rechtes Ufer (Nordufer)	Km	Linkes Ufer (Südufer)
Einmündung Wehrarm Fürstenwalde	74,45	
Außenbezirk Fürstenwalde	74,60	
Wartestelle Sportschifffahrt	47,70-74,73	
Nordkammer Schleuse Fürstenwalde	74,75	Südkammer Schleuse Fürstenwalde
	74,78-74,80	Wartestelle Sportschifffahrt
	74,90	*Forstablage"Magazinplatz"*
Abzweigung Wehrarm mit Treidelbrücke	74,95	
	75,00	*Kahnbauplatz*
Liegestelle Berufsschifffahrt	75,00-75,25	
Kahnbauplatz mit Hafen	75,50	
	75,60	*Kahnbauplatz mit Hafen*
	75,63	Sportboothafen
	75,70	*Kahnbauplatz mit Hafen*
Hafen	75,85-76,03	
	75,90-76,39	*Hafen*
Hafen Futtermittel- und Getreidehandel	76,03-76,39	
Rohrbrücke	76,27	Rohrbrücke
Militärbadeanstalt	76,50	
Eisenbahnbrücke „Rote Brücke"	77,06	Eisenbahnbrücke „Rote Brücke"
	77,25	Einmündung Altarm
Umgehungsstraße Fürstenwalde, Spreebrücke	77,30	Umgehungsstraße Fürstenwalde, Spreebrücke

Rechtes Ufer (Nordufer)	Km	Linkes Ufer (Südufer)
	77,10	Abzweigung Altarm
Widerlager Pionierbrücke	77,80	Widerlager Pionierbrücke
	77,85	Einmündung Altarm
Ablage Dicke Eiche	*78,10*	
	79,80	*Ablage Weißer Berg*
Einmündung Altarm Berkenbrück	80,10	
Ortslage Berkenbrück mit Badestelle und Rastmöglichkeit für Wasserwanderer	80,25-80,70	
Ablage	*80,60*	
Ortslage Berkenbrück, Ortsteil Roter Krug	81,25-81,80	
	81,80	*Ablage Theerbrennerberg A*
	81,90	*Ablage Theerbrennerberg B*
Autobahnbrücke BAB 12	81,815	Autobahnbrücke BAB 12
Einmündung Dehmsee (Befahrung nur für muskelbetriebene Boote erlaubt)	81,90	
	81,70	Abzweigung Altarm
	82,41	Einmündung Altarm
	83,00	Altarm Streitberg mit Wasserwander-Rastplatz
	83,10	*Ablage im Altarm*
Ablage im Durchstich	*83,10*	
	83,20	Streitberger Spülgraben mit Leinpfadbrücke
Abzweigung Altarm Katzengraben	83,25	

Rechtes Ufer (Nordufer)	Km	Linkes Ufer (Südufer)
Einmündung Altarm Katzengraben	84,12	
	84,41	Altarm
Altarm Rote Lake	84,73	
	85,25	Altarm
Altarm	85,41	
	85,66	Altarm
	85,90	*Kunersdorfer Ablage (im Altarm)*
Altarm Bunter Schütz	85,99	
Ablage Steinhöfel	*87,20*	
	87,50	*Ablage Schweinebraten*
Ablage Flutkrug	*88,60*	
Wasserwerk Briesen Entnahmebauwerk	88,60	
Forsthaus an der Flut	88,65	
	88,75	Einmündung Drahendorfer Spree
Wegebrücke an der Fluth	*88,90*	*Wegebrücke an der Fluth*
Flutbrücke (Fußgänger + Radfahrer)	88,91	Flutbrücke (Fußgänger + Radfahrer)
Kersdorfer See	89,60	
	89,40-89,60	Liegestelle Berufsschifffahrt
	89,60	Sportbootliegestelle
Schleusenbrücke Kersdorf	89,69	Schleusenbrücke Kersdorf
Nordkammer Schleuse Kersdorf	89,73	Südkammer Schleuse Kersdorf
	89,80	Sportbootliegestelle
Durchlaß zum Kersdorfer See	89,95	

Rechtes Ufer (Nordufer)	Km	Linkes Ufer (Südufer)
Wartestelle Berufsschifffahrt	90,048-90,175	
	89,90-90,085	Liegestelle Berufsschifffahrt
	90,84	Altstrecke
Rönne-Düker	92,39	Rönne-Düker
	92,50	Ausstiegsstelle (nur für Kanus)
	92,50	Altstrecke Sandfurth West (fast vollständig verfüllt)
Rönne-Düker (alt)	92,60	Rönne-Düker (alt) Auslaufbauwerk
Verladestelle	93,30	
Straßenbrücke Sandfurth	93,30 (alt)	Straßenbrücke Sandfurth
Wolfsluch-Düker	94,18 (alt)	Wolfsluch-Düker
Blanke-Luch-Düker		Blanke-Luch-Düker
	94,50	Altstrecke Sandfurth Ost (fast vollständig verfüllt)
Kuhluch-Düker	95,96	Kuhluch-Düker
	96,18	Neuhauser Speisekanal Km 0,00 ; Zufahrt zur Schleuse Neuhaus
Wegebrücke Buschschleuse	*96,20*	*Wegebrücke Buschschleuse*
Ablage	*97,30*	
	97,60	*Ablage*
Abzweig Altstrecke Biegenbrück (teilweise verfüllt)	100,35	
	98,70 – 101,00	Ortslage Biegenbrück

Rechtes Ufer (Nordufer)	Km	Linkes Ufer (Südufer)
Wegebrücke Biegenbrück	98,80	Wegebrücke Biegenbrück
Forsthaus Biegenbrück	*98,90*	
	100,10	Kurfürst-Eiche
Abzweig Altstrecke Biegenbrück verfüllt)	101,65	
Ortsumfahrung Müllrose	102,65	Ortsumfahrung Müllrose
	102,73	Abzweig Altstrecke Müllrose (fast vollständig verfüllt)
	103,20	*Hafen*
Stadtgebiet Müllrose	103,45-105,40	Stadtgebiet Müllrose
Holzhafen	*103,80*	
	103,87	Einmündung Kleiner Müllroser See, Marina Schlaubetal
Ladestelle	*104,10*	
Sportbootliegestelle und Bootsvermietung	104,10	
Straßenbrücke Müllrose	104,20	Straßenbrücke Müllrose
	104,25	*Anleger Fahrgastschiffe*
Liegestelle Berufsschifffahrt	104,48-104,68	
	104,86	Abzweigung Katharinengraben (Zufahrt zum Katharinensee)
Eisenbahnbrücke	105,45	Eisenbahnbrücke
Ortslage Kaisermühl	106,00-107,00	Ortslage Kaisermühl
Ehemalige Fähre Kaisermühl	106,50	Ehemalige Fähre Kaisermühl / Sportbootrastplatz

Rechtes Ufer (Nordufer)	Km	Linkes Ufer (Südufer)
Kaisermühler Wegebrücke	*106,60*	*Kaisermühler Wegebrücke*
Kaisermühler Brücke (Fußgänger/Radfahrer)	160,64	Kaisermühler Brücke (Fußgänger/Radfahrer)
Abzweig ehemaliger Friedrich–Wilhelm–Kanal (nicht durchgängig)	107,10	
Einmündung Altstrecke, Zufahrt Ortslage Schlaubehammer	108,10	
Schlaube-Düker	108,23	Schlaube-Düker
Wegebrücke Schlaubehammer	108,30	Wegebrücke Schlaubehammer
Sicherheitstor	*109,00*	*Sicherheitstor*
Anleger Fahrgastschiffe	*110,50*	
Blockwegbrücke	111,70	Blockwegbrücke
	114,10	Ablage Rautenkranz
Rautenkranz-Düker	114,30	Rautenkranz-Düker
	114,40	Ortslage Rautenkranz
Wegebrücke Rautenkranz	114,57	Wegebrücke Rautenkranz
Brücke B112	118,01	Brücke B112
Straßenbrücke Ziltendorf	118,84	Straßenbrücke Ziltendorf
Ablage	*119,00*	
Anleger Fahrgastschiffe	*119,00*	
Ziltendorfer Düker	119,34	Ziltendorfer Düker
	120,05	Entnahmebauwerk Großer Pohlitzer See
Eisenbahnbrücke	120,13	Eisenbahnbrücke
Seelashofer Wegebrücke	*121,06*	*Seelashofer Wegebrücke*
	121,20	*Ziegelei mit Hafen*
Bandbrücke EKO	121,32	Bandbrücke EKO

Rechtes Ufer (Nordufer)	Km	Linkes Ufer (Südufer)
Bandbrücke EKO	121,65	Bandbrücke EKO
Bandbrücke EKO	122,57	Bandbrücke EKO
Bandbrücke EKO	122,59	Bandbrücke EKO
Liegestelle Berufsschiff-fahrt	123,41-124,00	
Hafen Zementwerk	124,05	
Bandbrücke EKO	124,17	Bandbrücke EKO
Liegestelle Berufsschiff-fahrt	124,20-124,30	
Neuer Hafen	124,40	
Stadtgebiet Eisenhüttenstadt	124,60-130,00	Stadtgebiet Eisenhüttenstadt
Liegestelle Berufsschiff-fahrt	*124,60-125,00*	
Ladestelle	*124,62*	
Floßholzhafen+Ablage	*124,80*	
Ladestelle	*124,98*	
Schönfließer Straßen-brücke	125,01	Schönfließer Straßenbrü-cke
Kohlenbahnbrücke	*125,05*	*Kohlenbahnbrücke*
Ladestelle	*125,10*	
Sportbootliegestelle	125,10	
	125,12	Mielenzhafen, Motoryachtclub Eisenhüttenstadt e.V. (MYCEH e.V.)
	125,25	Alter Abstieg (teilweise verfüllt, nur 100m befahrbar)
	125,42	*Trockendock (alt: Km 125,50)*
	125,45	Ruderverein Fürstenberg 1910 e.V.
Sicherheitstor	*125,50*	*Sicherheitstor*

Rechtes Ufer (Nordufer)	Km	Linkes Ufer (Südufer)
	125,55	Kanucentrum 1957 e.V.
Straßenbrücke	125,69	Straßenbrücke
Stadthafen	*125,72-126,00*	
Sportbootliegestelle	125,80	
Ehemalige Oberschleuse Nordkammer	*125,84 (alt)*	*Ehemalige Oberschleuse Südkammer*
Ehemalige Mittelschleuse, Nordkammer	*127,03 (alt)*	*Ehemalige Mittelschleuse, Südkammer*
Ehemalige Unterschleuse, Nordkammer	*128,23 (alt)*	*Ehemalige Unterschleuse, Südkammer*
Pumpwerk	*128,30 (alt)*	
Eisenbahnbrücke	128,5 (alt)	Eisenbahnbrücke
Nadelwehr	126,24	Nadelwehr
Diehlower Wegebrücke (Fußgänger + Radfahrer)	126,28	Diehlower Wegebrücke (Fußgänger + Radfahrer)
	126,60-126,80	Wartestelle Berufsschifffahrt
Wartestelle Berufsschifffahrt	126,60-126,80	
	126,85	Einmündung Pumpwerks-Speisekanal mit Leinpfadbrücke
Nordkammer Zwillingsschachtschleuse	127,30	Nordkammer Zwillingsschachtschleuse
Straßenbrücke	127,46	Straßenbrücke
Eisenbahnbrücke	127,50	Eisenbahnbrücke
	127,59-128,00	Wartestelle Berufsschifffahrt
Wartestelle Berufsschifffahrt	127,59-128,00	

Rechtes Ufer (Nordufer)	Km	Linkes Ufer (Südufer)
	128,00	Einmündung Alter Abstieg (Einfahrt verboten)
Werftgelände	128,06-128,49	
Umschlagstelle	*128,22*	
Deichbrücke	*129,22/ 131,0*	*Deichbrücke*
Neue Deichbrücke	129,22	Neue Deichbrücke
Liegestelle Berufsschifffahrt	129,30-129,60	
Ladestelle	*129,86*	
Anleger Am Bollwerk Kreuzfahrtschiffe und Sportboote	129,65	
Anleger Fahrgastschifffahrt	129,77	
Ladestelle	130,01	
Zufahrt ehemaliger Winterhafen	130,01	
	130,14	Gedenkstein „Oder–Spree–Kanal"
Einmündung des Oder–Spree–Kanal in die Oder bei Km 553,40	130,15	Einmündung des Oder–Spree–Kanal in die Oder bei Km 553,40
Ablage (Zufahrt alte Mündung)	*131,50*	
Alte Einmündung in die Oder bei Km 554,2	*132,60*	*Alte Einmündung in die Oder bei Km 554,2*

Quellennachweise

Fotos, Zeichnungen, Skizzen

Aufgrund der Vielzahl von Material aus dem Archiv des Wasser- und Schifffahrtsamtes Berlin, Außenbezirk Fürstenwalde/Spree habe ich bei diesen auf die Quellenangabe verzichtet. Es gilt: wenn kein Quellenvermerk aufgeführt ist, stammt es mit freundlicher Genehmigung aus dem Archiv des Außenbezirkes.

Folgende Bilder stammen von Wikimedia Commons und sind unter verschiedenen CreativeCommons als gemeinfrei deklariert. Für die USA gilt: This works are in the **public domain** in the United States because they were published (or registered with the U.S. Copyright Office) before January 1, 1923.

Seite 10, By Mikuláš Wurmser (1357 - 1358) (Own work) [Public domain], via Wikimedia Commons
URL Bild:
https://commons.wikimedia.org/wiki/File%3ACharles_IV.jpg

Seite 13, Lucas Cranach der Ältere, Fotograf: Sailko [CC BY-SA 3.0 (*http://creativecommons.org/licenses/by-sa/3.0*)], via Wikimedia Commons
URL Bild:
https://commons.wikimedia.org/wiki/File%3ACranach_il_vecchio%2C_ritratto_di_Gioacchino_II%2C_elettore_di_Brandeburgo%2C_1529%2C_01.jpg

Seite 18, By Abraham and Gedeon Romandon (1667-1697), Fotograf: Axel Hindemith [Public domain, CC BY-SA 4.0 (*http://creativecommons.org/licenses/by-sa/4.0*) or FAL], via Wikimedia Commons
URL Bild:
https://commons.wikimedia.org/wiki/File%3AKurf%C3%BCr st_Friedrich_Wilhelm_von_Brandenburg_im_Kabinett_des_K urf%C3%BCrsten_Schloss_Caputh.jpg

Seite 22, By Blesendorf und Bartsch, Sächsische Landesbibliothek - Staats- und Universitätsbibliothek Dresden, Signatur/Inventar-Nr.: SLUB/KS A5439
[Public domain, CC BY-SA 4.0
(*http://creativecommons.org/licenses/by-sa/4.0*)]
URL Bild:
http://www.deutschefotothek.de/documents/obj/90009424/

Seite 147, www.ddr-binnenschifffahrt.de

Das Logo „1891-2016: 125 Jahre Oder–Spree–Kanal" wurde mit freundlicher Unterstützung der Fa. Mediahaus GmbH, Fürstenwalde, für das Jubiläumsjahr 2016 erstellt.

Bücher

Marperger, Paul Jakob: „Schlesischer Kaufmann", Breslau und Leipzig, 1714

Buchholz, Samuel: „Versuch einer Geschichte der Churmark Brandenburg", Berlin, 1775

Hogrewe, Johann Ludwig: „Geschichte der inländischen Schiffahrt", Hannover, 1780

Hausen, Carl Renatus: „Staats-Materialien" II. Band, Dessau, 1784

Goltz, Georg Friedrich Gottlob: „Diplomatische Chronik Fürstenwalde", Fürstenwalde, 1837

Zimmermann, August: „Geschichte der Mark Brandenburg unter Joachim I. und II.", Berlin 1841

Riedel, Adolph Friedrich: „Codex diplomaticus Brandenburgensis", Berlin 1846

Toeche-Mittler, K.: „Der Friedrich–Wilhelms–Kanal" Beitrag in „Staats- und socialwissenschaftliche Forschungen" Leipzig 1891

Buereau des Ausschusses zur Untersuchung der Wasserverhältnisse in den der Überschwemmungsgefahr besonders ausgesetzten Flußgebieten: „Der Oderstrom, sein Stromgebiet und seine wichtigsten Nebenflüsse" Band III, Berlin 1896

Königliche Regierung: „Kilometerteilung der Märkischen Wasserstraßen", Potsdam, 1901

Zorn, Philipp: „Deutschland unter Kaiser Wilhelm II.", Band 2, Verlag von Reimar Hobbing, Berlin 1914

Engelhard, Friedrich: „Kanal- und Schleusenbau" (Handbibliothek für Bauingenieure, III.Teil, 4. Band), Berlin, 1921

Uhlemann, Hans-Joachim: „Berlin und die Märkischen Wasserstraßen", DSV-Verlag, 1994

Seidel, Andreas: „Eisenhüttenstadt – Erste sozialistische Stadt Deutschlands", Diplom.de, Diplomarbeit, 1995

„Führer auf den Deutschen Schiffahrtstraßen, 4.Teil", Berlin, Ausgaben 1911, 1940

„Hafen- und Schifffahrtsgeschichte Fürstenberg/Oder", Hafenbetriebsgesellschaft mbH Eisenhüttenstadt (erhältlich im Museum in Fürstenberg)

Weska 2015, Europäischer Schifffahrts- und Hafenkalender, Binnenschifffahrts-Verlag GmbH

Binnenschifffahrtsstraßenordnungen unter www.elwis.de

Denkschriften, neuere Chroniken, Veröffentlichungen von Ämtern

Gesetz, betr. den Bau neuer Schifffahrtskanäle und die Verbesserung vorhandener Schifffahrtsstraßen vom 10. Juli 1886 (GS S. 207), Änderung durch Gesetz vom 6. Juni 1888 (GS. S. 238), Gesetz vom 26. Juni 1897 (GS S. 205)

Denkschrift des Wasserstraßenbeirates, 1927

„Der Oder–Spree–Kanal", Vortrag von Ulrich Gerwin 1988

Ortschronik Briesen/Mark

Geschichten aus Müllrose

Chronik des Ruderclub Fürstenwalde 1893 e.V.

Chronik des Ruderverein Fürstenberg/O. 1910 e.V.

Chronik des Kanucentrum 1957 Eisenhüttenstadt e.V.

Chronik der SG Aufbau Eisenhüttenstadt, Abt. Kanuwandern

Chronik über den Rechtsstatus der Reichswasserstraßen/Binnenwasserstraßen des Bundes im Gebiet der Bundesrepublik Deutschland nach dem 3. Oktober 1990

Diverse Veröffentlichungen der Wasser- und Schifffahrtsverwaltung des Bundes

Wassertouristisches Entwicklungs- und Vermarktungskonzept für RWK Frankfurt(Oder) und Eisenhüttenstadt auf Oder und Oder–Spree–Kanal, Ministerium für Wirtschaft und Energie des Landes Brandenburg

Zeitschriften, Jahrbücher

„Centralblatt der Bauverwaltung", Verlag von Ernst & Korn (verschiedene Beiträge aus den Jahren 1888, 1889, 1900, 1901 über den Bau des Oder-Spree-Canals)

„Zeitschrift für das Bauwesen", Verlag von Ernst & Korn (verschiedene Beiträge aus den Jahren 1887, 1888, 1889, 1890, 1899, 1900 über den Bau des Oder-Spree-Canals)

„Die Ströme und die Märkischen Wasserstraßen", Wandbilder, bearbeitet vom Königlich Preußischen Ministerium der öffentlichen Arbeiten, Berlin 1891

„Die Bautechnik", Verlag von Ernst & Sohn (verschiedene Beiträge aus den Jahren 1927, 1928 über den Bau der Zwillingsschachtschleuse Fürstenberg/Oder)

Über den Autor

Gordon Starcken,

Jahrgang 1974, lebt in Fürstenwalde/Spree, ist verheiratet und hat eine Tochter.

Der Wasserbaumeister und Verwaltungs-Betriebswirt (VWA) arbeitet im Außenbezirk Fürstenwalde/Spree des Wasser- und Schifffahrtsamtes Berlin.

Schon seit seiner Kindheit in Berlin beschäftigt er sich mit Archäologie und Geschichte. Während seiner Lehre als Wasserbauer mit Abitur, seiner Ausbildung zum Wasserbaumeister und seiner beruflichen Tätigkeit kam die wasserbauliche Geschichte dazu. Nach seinem Umzug nach Fürstenwalde 1996 weitete er dieses Hobby auch auf die Historie der Märkischen Wasserstraßen, speziell des Oder–Spree–Kanals, aus.

In seiner Freizeit bereist er mit seiner Familie außerdem gerne im Kanadier die Wasserstraßen der Republik und sieht sich die wasserbaulichen Anlagen aus dieser Perspektive an.